TRENDVISION award 2010

浪漫飘逸？都市摩登？纯真自信？野性不羁？
千姿百态，不可捉摸。美，诞生自世界每一个角落，是最不可战胜的力量所在。
谁是你梦中的女神？是谁激发你的无穷灵感？威娜创意发型全情演绎，激情挥洒“玩”美一刻，尽在2010威娜国际趋势奖！

NATURE'S goddess

灵感女神

灵感女神是女性极致魅力的再现。
为了逃离日复一日平凡的生活，我们创造了一个梦境传奇般的世界。在这种氛围中，本性、气质、自然备受推崇。灵感女神就是以一种神秘的方式重新审视和想像天性——它是一切迷人的灵感源泉。

TECHNO poetry

诗意科技

在压抑紧张的都市生活中，诗意科技给我们一个新的出口，从惊喜的、浪漫的角度展望未来。

诗意科技这种新进化的都市生活方式，让未来以一种更加浪漫和充满女性气息的姿态展现在我们面前。融合了崭新的创新科技及新鲜的都市发现，诗意科技让我们从感性角度重新审视我们的生活，不断创造惊喜和诗意。

x-tenso®
探索水润3D烫服务
使用全新轻巧3D卷杠，为您打造卷度持久滋养润泽的秀发！

KÉRASTASE
PARIS
一次护理重拾秀发强韧活力
建议服务时间：25分钟

CONCENTRÉ VITA-CIMENT
巴黎卡诗双重强化护理
针对脆弱受损发质，由内而外修护秀发，令发丝增强韧性与柔亮。
发质受损的原因：过度或不适当的洗吹及染烫，都会对发丝造成伤害（表皮层受损、内部胶质流失），秀发变得脆弱易断，失去韧性，缺乏质感。
创新：有效补充秀发内部流失胶质，重建秀发内部结构，加强秀发强韧与弹性。
效果：秀发重拾紧致强韧，恢复光泽与柔软，保护秀发抵御外界侵袭。
请至巴黎卡诗专业合作发廊购买
欲知更多详情 敬请访问www.kerastase.com.cn
或拨打热线电话：400 820 6860
KÉRASTASE
RESISTANCE
CIMENT
ANTI-USURE
VITA-CIMENT® TOPSEAL
Soin restructurant et resurfaçant
Longueurs et pointes usées
Reinforcing and refinishing treatment
Damaged lengths and ends
KÉRASTASE
RESISTANCE
BAIN DE FORCE
VITA-CIMENT® TOPSEAL
Shampooing restructurant et resurfaçant
Cheveux affaiblis
Reinforcing and refinishing shampoo
Weakened hair
卫妆备进字(2007)第5487号
卫妆备进字(2008)第0572号
卫妆备进字(2008)第1152号
卡诗强化护理系列双重强化洗发水 250ml 190元
卡诗强化护理系列双重强化护发素 200ml 285元
卡诗活力胶结物精华液 护理1次 280元起（详情请咨询各卡诗发廊）
KÉRASTASE
PARIS
Recherche Avancée L'Oréal

国妆特字G20090663

YSPARK Super Tool Best Pro Collection

Y.S. PARK Professional

实力造型师只使用正宗的美发工具

Made in Japan
Pat.p

本公司在中国美发用品市场已经发展大量Y.S.PARK的假冒产品。
众多蒙受欺骗的发型师在不知情的情况下购买了假冒伪劣产品。
为了谨防发型师们受骗上当，特向大家介绍我公司出品的货真价实的美发专业梳。
作为日本知名的美容综合产品公司，发型师们可在中国以下地区的代理商处放心选购。
或请点击我们的网页进行查询。

206 238 339 334 336 335 331 102 112

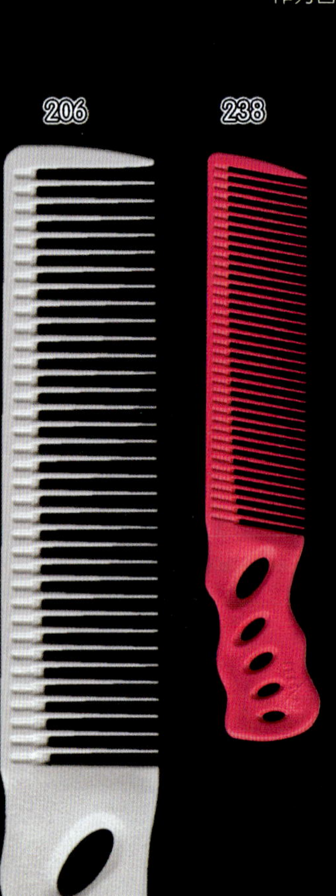
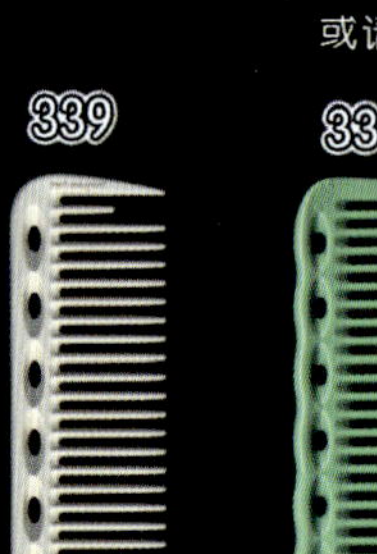
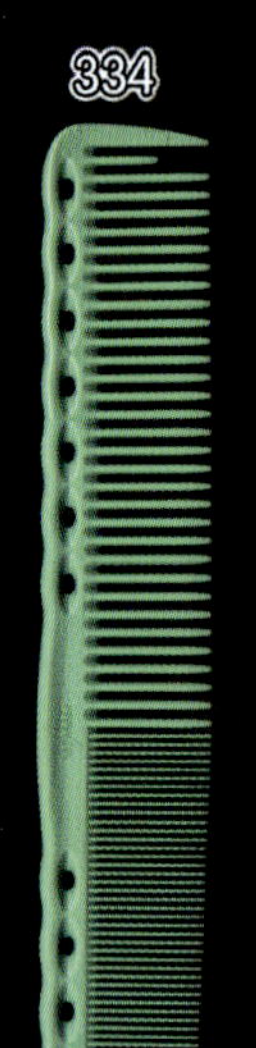

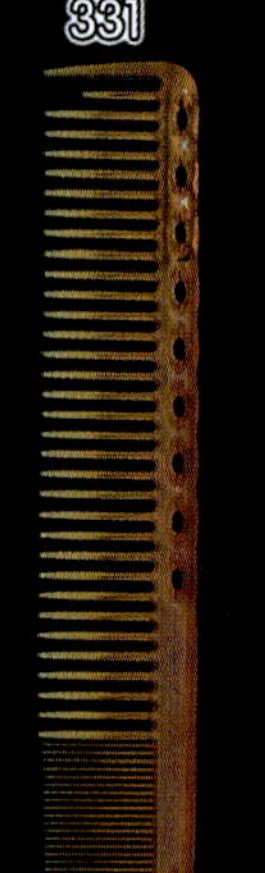

Black Carbon Tiger Brush

Dragon Air Brush IX

Dragon Razor

Shark Clip

上海代理商地址：
中国上海市长宁区天山路88弄21号1701室
电话：021—51097930　传真：021—32504497

北京代理商：
辉艺专业发艺培训中心
地址：北京市CBD核心建外SOHO西区16楼608室 地铁1号线永安里C口出 南200米
电话：010—58697245　58697247　18911305343

URESTA!

丝语④

《丝语》编辑部 编
张 英 等译
张 英 主审

可爱发型新设计

hair design_Kazuo Kido [SNOB]
make-up_Kazue Kawamura [p.bird]
photo_Pak Ok Sun [CUBE management]
styling_Megumi Date

辽宁科学技术出版社

CONTENTS

目录

HAIR MODE
URESTA! 丝语④

《丝语》编辑部
主　编　莉　玫
翻　译　张　英　刘　欣　纪凤英　李　静
主　审　张　英
平面设计　高　峰　孙敏淑

田原恵美

[cinq]

hair design_Megumi Tanaka[cinq]
make-up_Tomoyo Yajima[C's hair]
photo_Noriyoshi Aoyagi
styling_Yuka Ogura

日野真乡
MAKE'S

每天在某处一定藏着数把钥匙。
一味地空想，远大的理想。
如果打破时空的秩序，可能会成为一个虚无的世界。
“MAKE'S”日野真乡先生的“漫画”世界。

hair design & make-up_日野真乡[MAKE'S]
photo_NOBU[AVGVST]
styling_Miki Aizawa
flower cooperation_摄影染花

最初想到的主题是“从外国看日本”。
想表现的是和“秋叶原”与“寿司”一样，一被提及便会让人想到
“日本”的“漫画”世界。
虽然并不是现实的世界，
但是如果通过时尚的表现手法，
就可以成为“可以看到”的世界。

这里，彩色假发通过模特和照片展现出生机，
通过能看到的几种可能性，
可以感受改变的乐趣。

在日常生活中寻找灵感也是乐趣之一。
最重要的是需要有“玩儿心”与“感性”。
玩儿心是蕴藏在灵活的想法中的，而不是制度性的东西。
像海绵吸水那样看遍种种现象，
通过感受来磨砺感性，
引发无限的想象力。
作为一种“感动”传达给那些看到的人。
对于摄影的准备期，
即使在工作的压力下，我想拥有灵活的想法，
也是非常重要的。

化妆、剪发是发型师的事
对于边工作边与人交流的我们来说，
从中可以获得少见的喜悦，
我想选择这份工作，是非常正确的。
经常这样想的话，平时，也就会想到要重视“玩儿心”了。
通过今天的作品，
如果能传达这种想法的话，我会很开心。

日野真乡
出生于熊本县。东京 MAKKURA 美发专业学校毕业后进入“mod's hair”。1990 年，在东京表参通成立“MAKE'S”。在美发与化妆艺术，以及作为导演活跃于多个领域。2006 年，开设化妆学校。之后一直致力于教育活动。

金子史 [Xel-Ha]

甜美与冷酷
的融合
摇滚 × 轻松 · 短发

hair design & make-up_Fumi Kaneko [Xel-Ha]
photo_Ken Ogawa [will creative]

超人气
发型师特集

金子 史

[Xel－Ha]

因为喜欢所以严格。人气发型师。发型师的真性情。

在美发业的『激战区』东京·在青山有一家超有人气的著名发廊『XeL－Ha』。这家店的店长金子 史是个不服输的人，她有着很远大的志向。

作为发型设计师，她非常忙碌，而且还要作为讲师和比赛评委在日本各地飞来飞去……这就是名至实归的“超人气”。“Xel-Ha”的名字被大家熟知的同时，金子 史的事业也在不断扩展。由最初不断地向出版社推销自己的设计，到现在她已经占据了很多的版面。每月有超过400个客人指名预约。现在她真的成名了，那么，她有没有感到是外在“被热捧”中呢?

对于这个问题，她的答案是“没有”。“要是真的觉得‘被热捧’，那就无法安心工作了。不知道何时客人不来了，不知道何时对工作不再依赖，因为心里尚有这样无法消除的紧张感，所以对我来说每一个人都很重要。我很讨厌那些华而不实的东西。”

生长在“有严格要求”的世界中的人的宿命——正因为喜欢美发，如果不能严格要求自己，就很难坚持下去。虽然这么说，但是如果工作以外的事情还是这么多，在发廊工作的时间就一定要减少。

“有时候看到发廊的客人在流失，就觉得不能挑战设计工作了，可是对自己来说，发廊工作固然很重要，但是到外面去学习了新的东西对发廊也是很有帮助的。”

“Xel-Ha”开业已经4年了，店员们经历了从新手到中坚力量的成长，店面管理也有所加强。

“虽然经历了开业之初‘一切靠自己’的阶段，但是现在觉得有些事情还是需要让新手们去做。接下来打算创造一个能调动大家积极性的环境。实施起来可能会很困难，但是为了促进企业的成长，必须要走这一步。”

金子 史的目标已经变得很远大了。但是不管怎样变化，总会有实现目标的那一天。

金子 史／出生于鹿儿岛县。毕业于熊本美发专业学校。在鹿儿岛的一家发廊工作一段时间后加入『afloat』，现作为管理者就职于[Xel－Ha]。

和一起度过繁忙每一天的店员去打保龄球。大家不管是玩儿还是工作都很投入，所以，大家都很努力哦！

11 Questions
for Fumi Kaneko

HAIR MODE

① 名字

金子 史

② 成为发型师的原因

因为喜欢去发廊

③ 擅长的设计或技术

喜欢可爱风格的设计

④ 喜欢的工作

剪发

⑤ 讨厌的工作（必须写）

怎么说呢？

⑥ 美发以外的兴趣、特长

保龄球，每3个月和同事去一次

⑦ 敬佩的3位发型师

Bivo PHASE 的 Jon，dvive for garden 的秋叶千菜，同事宫村 浩气

⑧ 成为发型师后觉得幸福的事

虽然这份工作很普通，但是可以看到客人的笑脸（这也是我工作的动力）

⑨ 迄今为止做的还不错的事情

不知疲劳地工作

⑩ 美发界有意思或不可思议的事

可以允许交换学员或者转会

⑪ 想尝试的事

去时尚之都——法国作秀

让头发解开束缚，绽放妩媚

MARBOH

[MAGNOLiA]

hair design_MARBOH[MAGNOLiA]
make-up_Daisuke[MAGNOLiA]
photo_Masafumi Sawazaki[VANESSA+embrasse]
styling_Miho Yoshida

MARBOH

[MAGNOLiA]

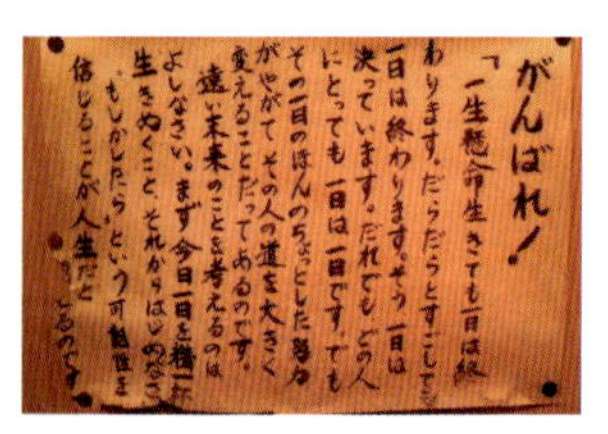

这是MARBOH家卫生间里贴的诗，由母亲从书中摘录下来的。读书时就贴上了，但当时并不了解其中的含义，现在理解了。

不能停止的主题。解开束缚头发的动感。所谓的自然是什么？

如果做烫发，相对于从「anti」出来的MARBOH来说，无人能出其右。不拘泥于传统，通过自己的理念，追求创作的真谛。对答案的追求，支持他走至今日。

MARBOH/1974年出生于茨城县。日本美发专业学校毕业后，在东京的一家发廊工作了一段时间。1995年加入东京・青山新成立的“anti”。之后做过店长和董事。2008年独立在东京・青山开设“MAGNOLiA”。

拥有“自然感”是因为“解脱了束缚”，这是MARBOH一直以来所坚持的设计理念。

MARBOH认为所谓的“解脱束缚”，就是将动感从发根开始释放出来，而不是制造出的所谓的动感。正是这样的原因，会让我们觉得被烫发器烫出的发型有一种不协调的感觉。所以，MARBOH是那些追求自然风格人士的第一选择。

“我认为对于不同的人来说，‘自然感’的定义是不一样的，这也是最难的，但是‘解脱束缚’确是拥有‘自然感’的绝对条件。”

这次的作品全都加入了这种理念。解开的头发，从上至下轻轻飘落的一瞬，或是被风吹起时逆风飞扬的发丝……这不是要拍摄照片，而是在自然的动态下的实物。其实，在发廊完成一个造型后，往往是客人一出去，手一摸，风一吹，造型就毁了。而MARBOH在做造型的时候，不只是想着眼前的设计，他会把客人出去时候的情况考虑进去。对于MARBOH来说，作品是和发廊的风格紧密结合在一起的。

“如果设计作品，一定要在发廊的风格基础上，为客人设计出有闪光点的合适发型。”

在发廊里，经常会让客人看拍摄好的设计作品。他说这不是要让客人在发型目录上挑发型，然后照着做，而是想要了解客人喜欢的设计类型。

“让客人看的作品，有些时候并不一定适合他们自己。这时，就可运用这个设计的理念，再加上自己的理解，做出适合‘只适合你的发型’。”

“MAGNOLiA”成立已一年半了。所谓的自然感，所谓的解脱束缚，到底是什么呢？MARBON边探索边累积答案。对客人来说，这个世界上只有一个方法能设计出适合客人的造型，那就是一直以探索的姿态去寻找答案，也许就能领悟到设计的真谛了。

11 Questions

for Fumi Kaneko

HAIR MODE

① 名字

MARBOH

② 成为发型师的原因

实现自己的人生目标

③ 擅长的设计或技术

烫发和剪刘海儿

④ 喜欢的工作

咨询

⑤ 讨厌的工作（必须写）

用电脑

⑥ 美发以外的兴趣、特长

钓鱼

⑦ 敬佩的 3 位发型师

MAGNOL，A 的成员

⑧ 成为发型师后觉得幸福的事

学员的成长

⑨ 迄今为止做的还不错的事情

分析力

⑩ 美发界有意思或不可思议的事

没有

⑪ 想尝试的事

读书

融入色彩、凸显形状的女性形象

田中☆柴穗

[kaguyahime]

hair design&make-up_Shiho Tanaka[kaguyahime]
photo_Masaya Kudaka[Syncronicity]
styling_Kumiko Morisoto

田中☆柴穗

[kaguyahime]

田中☆柴穗 1971年出生于京都。毕业于京都美容美发专业学校信息课程。2001年加入『kaguyahime』。2007年成为代表。2009年获得植村隆博赏的最优秀奖。获JHA提名。

“常有人对我说，有多喜欢在发廊工作。”可是听到这样的话，田中马上就会想到背后的重担，心就凉了。

开始意识到，即便没有作品，也得被承认。所以一定要赢得比赛。一直以来深信赢了就一定会被店员们认可。

田中是京都一家知名发廊的二代传人。2007年接手这家店时，这家店正处于经营危机之中。那时对于她来说，赢得比赛，不但能得到大家的认可，还是对自身价值的肯定。

但是，满心期待的田中却没有收到“2008年度JHA”的提名通知。哭泣中的田中还曾大放厥词：“他们要是来拍摄我的作品，我一定回绝。”如果回首的话就可看到田中背后的辛酸，如今，不断成长的店员、远道慕名而来的客人，逐步走上正轨的经营，证明田中被越来越多的人所认可，事业的根基越加牢固了。

“相信自己的感觉真好。”

这时，田中感受到创作对于她具有不同的意义。“以前只是意气用事。虽然喜欢创作，可也感到迷惑、苦恼和艰苦。现在，明确地知道自己是真正地想做这个，是纯粹的喜欢。”

从为了取胜到注重作品风格，发挥自己擅长的平衡感，展现模特的“可爱”风格，她的设计最终得到了公认。现在，提到美发，田中就会觉得很快乐，只想随心所欲地进行创作。现在，只是单纯地这样想。

当她满心喜悦地沉浸在美发之中时，客人、同行，还有胜利也都在不知不觉中来临了。参与到作品创作，为发廊奋斗的店员也在增加。作为一个经营者，田中终于明确了自己的奋斗目标。

“我的目标是通过发型设计和美发护理，把这家店变成京都首屈一指的发廊。现在我的梦想已经全部达成了，目标也成为了现实。”

美发已不再是义务，而田中要自由、快乐地为自己和发廊创造更美好的未来。

真正的自信 掌握在自己手中 现在，美好的未来 开始描绘

因为不相信自己，所以一直在追逐『胜利』。其实相信自己就已经离成功很近了。这个故事告诉我们，沉迷于比赛的田中终于从比赛中『毕业』了。

右/贴在常用柜子上的目标。10个目标，这一年间都达成了。左/植村隆博赏在2009年KHA公务部门获得最优秀奖的作品。今后，希望再次获奖。

11 Questions

for Fumi Kan

① 名字

田中☆柴穗

② 成为发型师的原因

幼儿园时就要实现的梦想

③ 擅长的设计或技术

剪发

④ 喜欢的工作

与客人聊天，剪发，化妆

⑤ 讨厌的工作（必须写）

使用电脑

⑥ 美发以外的兴趣、特长

拍摄天空的照片

⑦ 敬佩的 3 位发型师

岛田夏由美，鱼念矢惠，Aki

⑧ 成为发型师后觉得幸福的事

10 多年来一直从事这份工作，并取得了一定的成绩

⑨ 迄今为止做的还不错的事情

有喜欢的职业还有 KAGAYAHIME 的爱

⑩ 美发界有意思或不可思议的事

即使休假很少，但也能平心静气地接受

⑪ 想尝试的事

成为蒙古的牧民

是不是意味着『笑[illegible]』在减少呢？能设计新的造型，展现女性魅力，用[illegible]的发型师有很多。但是，在发型设计[illegible]优势的发型师却屈指可数……

虽然对于我们来说[illegible]是并没有什么实际的意义。

可是我还是想说，这些人在发廊工作以外，对设计的坚持到底是为什么呢？企划界的前辈对『受人瞩目的发型师』中『Double』里的上原健一先生和『REMIX DESIGN』岩田敏静先生针对『坚持的理由』进行了访问。他们的回答非常简[illegible]有力

——希望做出的作品，依然有压倒性的优势。展现了他们两位的气魄。

坚持的理由

特刊｜2010年[illegible]

编辑部在选拔的过程中发现，只选出某几位发型师是很难的事。因为有2倍到3倍的人也都很出色。

上原健一

因为被认可 所以是成功的方案

[Double]

hair design & make-up_Kenichi Uehara[Double]
photo_Jiromaru[Donna]
styling_Takeru Sakai

让人敬佩的发型师很多，『DOUBLE』的上原健一就是其中的一位。
作为设计师他有更高的目标，更有着禁欲者一样的志向，
大家是怎么想的呢？

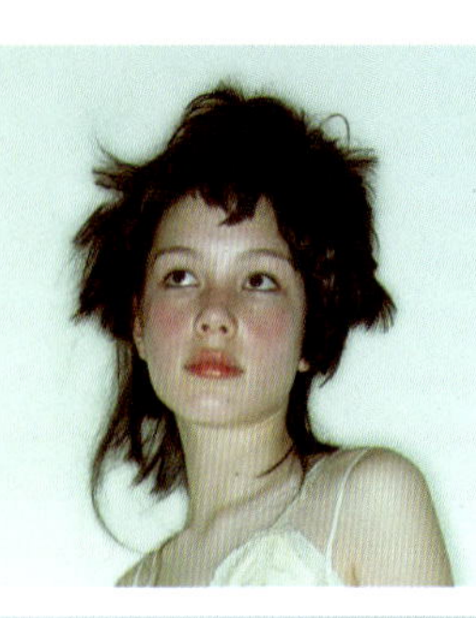

◀▶《HAIR MODE》2006年6月刊。2006年获得JHA大奖的作品，主题是“SELF CUT LIKE”（自己这样剪发）。在JHA上被选中的作品被认为引领了当时的流行趋势，对以后的作品产生了很大的影响。

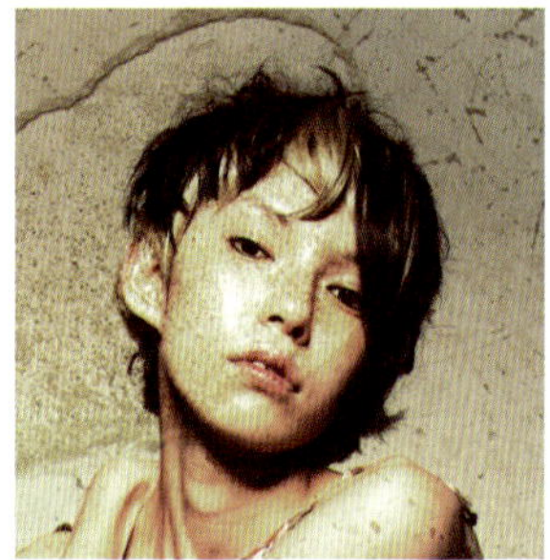

◀2007年1月刊
2008年11月刊
取得JHA大奖后，拍摄的作品。（右图：在《HAIR MODE》特刊“2007年最受瞩目的发型师”上发表）。通过获奖感言“成为剪发达人”在剪发中获胜。2009年获JHA大奖提名。

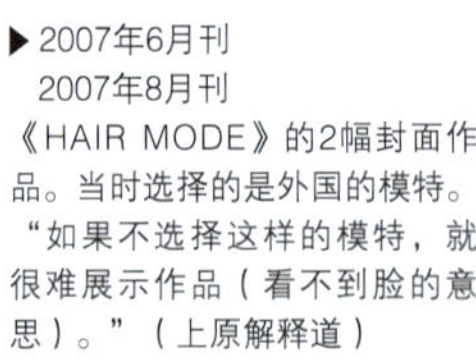

▶2007年6月刊
2007年8月刊
《HAIR MODE》的2幅封面作品。当时选择的是外国的模特。“如果不选择这样的模特，就很难展示作品（看不到脸的意思）。”（上原解释道）

上原健一/1971年出生于鹿儿岛县。毕业于山野美容美发专业学校。1995年加入东京·原宿的“HEARTS”。现在，是“DOUBLE”表参道店的店长。2006获 JHA大奖。2007年、2008年与2009年均进入到同行业美容美发大赛。

读了这个，无论是谁都应该注意到了上原。这个作品取得了JHA大奖。目前，有些发型师因为完成了只有超级发型师才能完成的创作而在业界居功自傲，认为“这么做才对”……怀着这种心态的发型师不在少数。

而上原对设计依旧狂热，但是，在不断崭露头角的后辈眼中他是一个温和的人。近来，在各地刊物或是专业杂志上都可以看到不断地有美发领域的新人涌现出来，接下来才轮到自己。许多发型师都在激战。上原虽然也参与到其中，在专业杂志上发表作品，但是更重要的是他抓住了机会。曾经因为在杂志上他被一位前辈的作品所震撼，受到了很大的启发。但是现在他心情有些急躁。

“我年轻的时候，看到许多有挑战性的作品，自己也会受到冲击。但是，成名、有业绩后，心中就被那‘高手’的焦躁感所包围。所以，许多好的作品和出色的技能都是在禁欲的情况下产生的。为了年轻的这一代，还有马上要降临的这一代，我们必须要努力。”

专业杂志是同行业者展示作品的平台。大家可以在这里切磋技艺，交流创意。“说实话我的作品想要被其他发型师认可，比如说让他们惊讶于‘这是哪个家伙做的’也是需要理由的。如果被同行的人认可，产生共鸣是一件很幸福的事。而且也想通过杂志和那些对美发执着追求的伙伴，争出个你输我赢。最近涌现了许多有趣的发型师，大家开心的日子来到了。”

我们从上原身上可以看出，纯粹追求远大目标的人，可以拥有更美好的明天。

岩田敏静 全新的设计是因为发明装置吗？

[REMIX HAIR DESIGN]

因『做事』而成名。
『REMIX DESIGN』的岩田敏静。
所谓的创作就是和大家一起完成一个发型的行为。

岩田先生是名古屋和中部地区，乃至整个日本美发造型行业的一个特别的存在。他的出现，改变了美发行业的前景。发型师们“无论走到哪里，都会充满机会”，在日本掀起了美发热。

“美发行业的两极化正在加速。一方面，专职于发廊设计的群体不断扩大；另一方面，专门从事设计创造的群体也发展起来了。我的目标就是做这二者的中间。”

作为被全日本发型师关注的“东京以外”的发型师，岩田知道取得JHA对同样是“东京以外”的发廊有着重要的意义。他了解凝聚着心血的作品在专业的杂志上发表、获奖时发型师激动的心情。他自己也以获奖为目标，并为再次获奖而努力着。但是，如果问到创作作品的理由，答案却是其他的东西。

“很喜欢在发廊工作，也学到了很多。但是仅是在这设计作品的话，就只是经验的累积而没有新的刺激。一些新的东西以及和高手过招这样的‘兴奋剂’在创作上是必要的，也是突破自我的最佳手段。”

每次摄影，虽然压力很大但也是自我突破。因为新的发型会不断地涌现，碰上没见过的发型的瞬间都会产生疑问：“这是什么?”这就是“痛并快乐着”的创作作品。发廊作品的创作相对来说又是另外的一种心情。

“同时，发表自己作品就好像觉得自己确实是和外面的世界连接在一起的。我每个月，看专业杂志时都很开心，可以看看有什么人设计出怎样的作品来了。还可以了解到自己到底处于一个怎样的位置。某种风格放在我的作品里也会很不错。作品是一种媒介，把我们这些志同道合的人联系在一起。这让我很开心。”

作为发型师，有名气很棒，业绩好也很棒，但最重要的是要有一个作品。

试着和那些志同道合的人聊聊你的新发现，新的大门也就向你敞开了。作为发型师要不断地坚持创作，这就是你存在的理由。

▶《HAIR MODE》2008年1月刊。2008年获得JHA大奖的作品。在特刊“2008年最受瞩目的发型师”上发表。获奖结果公布前就有这样的呼声“这次应该是岩田获奖”。（岩田的身心之作）

◀▶2008年4月刊
2008年5月刊
《HAIR MODE》的2幅封面作品。从摄影小组成立至今，对他来说，和摄影师及其他小组成员合作是一个挑战。在了解了不同领域的协作难处的同时，也有很多新发现。

岩田敏静/1967年出生于岐阜县。毕业于名古屋综合美容美发专业学校。1998年在爱知县名古屋市开设了“REXIN HAIR DESIGN”。2006年、2007年入选JHA大奖。2008年获同行业奖，2009年为决赛选手。

◀2009年5月刊
取得JHA大奖后，新拍摄的作品。获奖后，摄影工作接踵而至。在短暂地休整后，他改变了工作的状态。在反省自己的同时，心态也平和了。带着这种理念，他进入了设计的新天地。

大久保美幸［GIRL LOVES BOY］的

可爱发型新设计

——纠正“可爱”概念之乱！

所谓的可爱，就是自然而然地让人宠爱吗？
并不是这样！
在这个成人化的时代，想要闪光的女孩子有很多。
“大家去冒险吧！（外音）”
从现在开始，“可爱”迎来了新时代的黎明。

hair design & make-up_大久保美幸［GIRL LOVES BOY］
photo_Nobuyoshi Baba
styling_Hatsune Sato

大久保美幸

1969年出生于静冈县。山野美容美发专业学校毕业后，去了一家发廊工作。1996年，她在东京·原宿开设了“GIRL LOVES BOY”。1999年扩店搬迁。大久保除了发廊工作外，还活跃在发型设计的舞台上。她闪耀的设计与认真的生活态度得到许多有梦想女孩的追捧。

序言

在那遥远的地方，有着充满困惑的女孩子们！

“想变得更时尚一些。”“想做一个独一无二的发型。”“想找到新的自我。”

三个在街上徘徊着的少女许下她们的心愿。厌倦了这种以许愿才能达到满足的社会，但是又找不到能够实现愿望的场所。

“还是保持原来的形象比较好。”“让时光流逝或许是聪明的做法。”“我就是我。”

当我们想要放弃的时候，从远处传来了加油的声音。

“大家一起变美丽，只要加油就能实现梦想！！”

这三个人真能实现自己的梦想吗？她们的命运到底会怎样呢？

事件簿
File#
01
顶着一头乱蓬蓬头发的女孩要去哪里？
WANTED!
少女A
我在这儿
呀！！！

寻找平凡的女孩

WANTED!

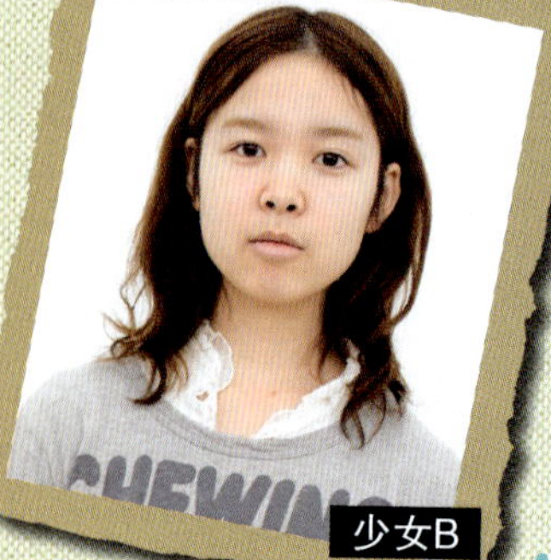

少女B

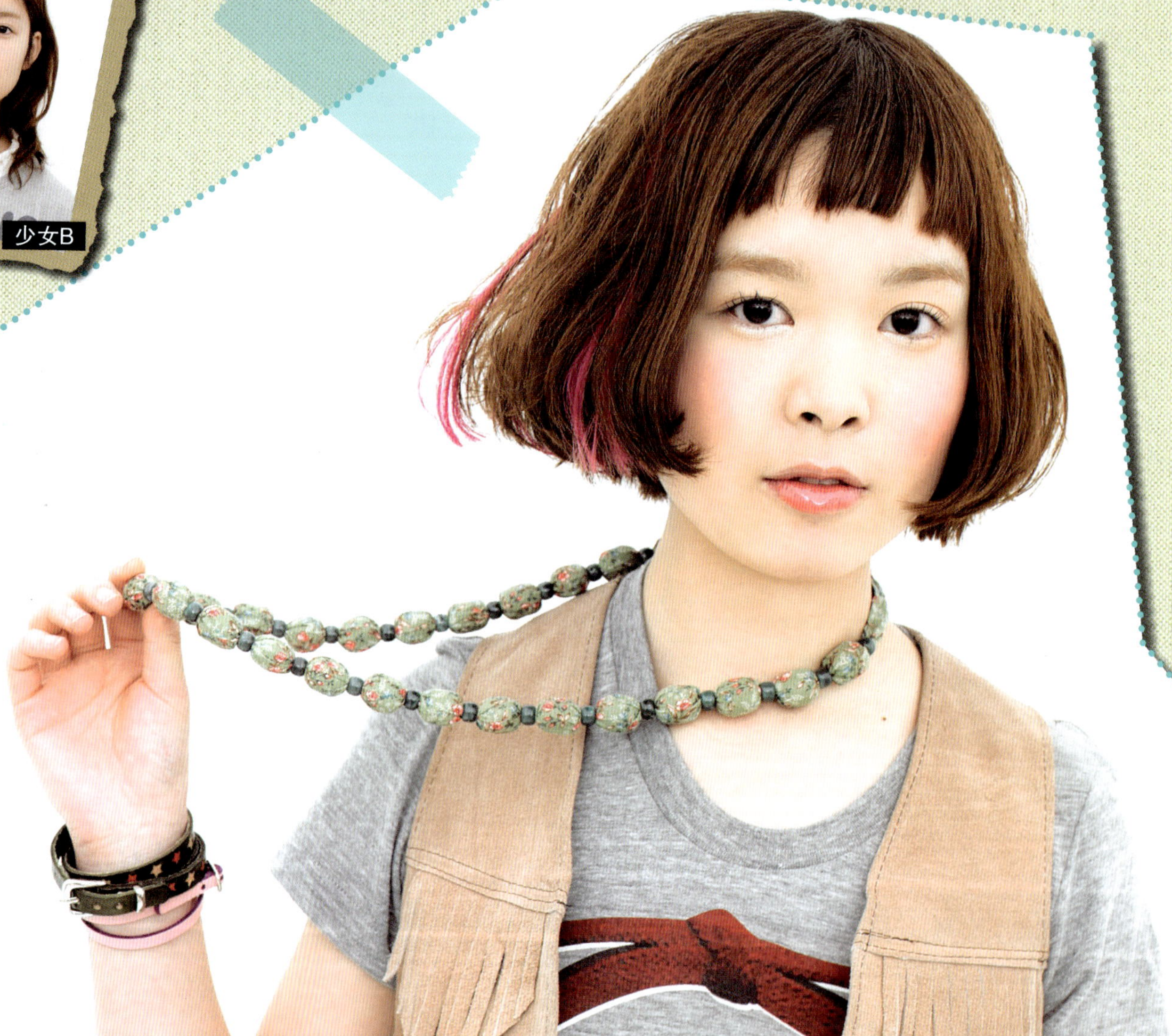

我在这儿呀!!!

事件簿
File#
03
爱修饰又迷茫的女孩在哪里？
WANTED!
少女C
喊我吗!!!

摘要

从事让三人"可爱"变身事业的大久保美幸，20多年来，利用自己出色的设计能力和过硬的技术，让许多女孩子变得光彩照人。

哎！到底发

设计规则

向可爱风格"进攻"

即使不自信也要坚持自我

大久保觉得年轻人拥有坚强与勇敢很重要。因为她的设计是送给那些想变可爱的人的，所以魅力无处不在。

想要变得可爱是需要勇气的

大久保是怎样帮助那些朝着自己梦想和目标努力的女孩子们呢？她每次都会向客人推荐改变方案。并且，为了调节客人的心情轻轻地拍打客人肩膀，给予鼓励。

头发的长度这个样子可以吧

顽强的女孩

大久保的设计风格是在活力可爱中，有效地加入"调味品"，一眼就能看到被剃的部分还加进了新颖的色调，这个女孩真的好喜欢。

加入很多"调味品"的女孩

染了一点醒目的粉红色

露出圆脸有什么不好

最近大家都说不太喜欢圆脸，但是大久保却让它更加突出地表现出来。其实圆圆的脸是女孩子们很重要的武器，是年轻与幸福的象征。因此，不要害怕圆脸，今天就来打造一个可爱的、有圆润感的发型。

圆乎乎脸的设计

试着化个娃娃妆

透明的肌肤，水汪汪的大眼睛是化娃娃妆的基本前提。因此这里用得最多的就是粉红色。对了，不要忘记夹睫毛啊！

婴儿般的肌肤

最受关注的是睫毛

生了什么事？

设计规则

女孩子们想要的好朋友

大久保美幸为女孩子们美发、化妆，并不是为了出名、赚钱，而是希望她们更幸福。所以，她会站在女孩子们的角度选择适合她们的技术。为了不加重她们的负担，大久保的方法都会选又快又有成效的，这次选的可是最新的技术哦！

"不接触"也是技巧之一

就这样也不错

造型前就充分发挥自己的想象力，让客人花费最少的时间和金钱，不用修剪，也不用染发舍去以往的固定概念。

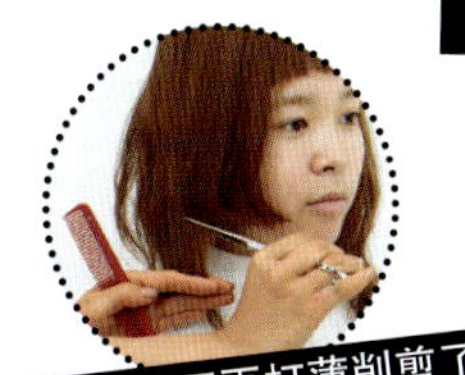

已经很薄了就不再打薄削剪了

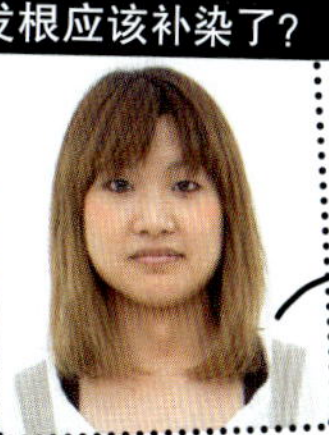

我想发根应该补染了？

什么都不用做，短发更有生气

请勿湿剪！

不需要

大久保总是决定好完成图后才开始剪发。之所以干剪，是因为剪完的效果会和期望的完成图很接近。如果边看着边剪，这样制造的发型的特点、发流就不会相差太多。

首先考虑到头发的个性和质感后完成的发型

剃发

干剪

伟大的打薄削剪技巧

除了做高层次或者低层次修剪，用于发型的操作方法也有很多。大久保用得最多的就是打薄剪刀，当然去掉厚重感、发型的轮廓线需要模糊感时，都使用打薄剪刀。用于强调轮廓线时使用普通的剪刀。

用打薄剪刀造型

在剪断面时使用普通剪刀

用打薄剪刀剪发

粗剪完成

一头乱发的女孩们的转机

三人如何变身，马上为你揭晓！首先，是有自来卷发烦恼的少女A。

问题

怎样打理自来卷发？

大久保的回答

为什么一定要拉直呢？剪一剪就会很清爽哦！

就这样!! 剪成圆弧状的刘海儿吧!!

本身的皮肤就很好，因此要化一点妆哦！为皮肤添加一些色彩吧！

Hair

剪刘海儿时，从头顶部开始到眉上方剪出厚重的刘海儿。

漂亮的圆弧状刘海儿，更加凸显圆脸。

在侧面，从颧骨的高度开始修剪出向下斜下造型。

与刘海儿相连，制造出蘑菇式的轮廓。到这为止只修剪出了轮廓线而已。

使用剪刀做调整性修剪。为了制造表面的空气感，头顶部的头发要从中间到发尾进行不规则地调整性修剪。

完成的状态

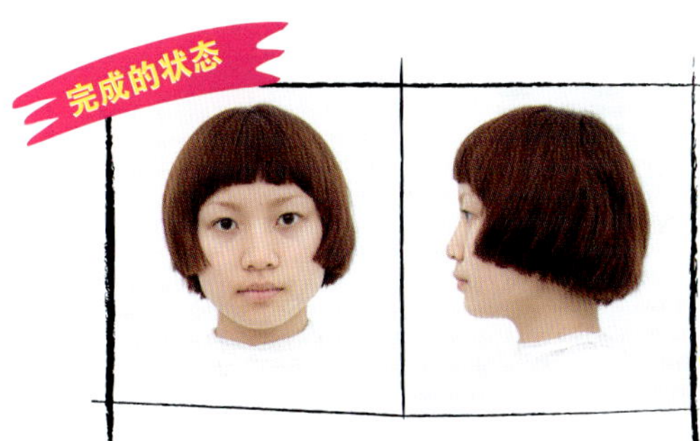

终于完成了！

裤袜、靴子/设计师提供

Make-up

化一个娃娃妆！

改变毫无特点的女孩

少女 B 正在犹豫。
自然风的卷发虽然很适合，但为什么她的脸却毫无生气？

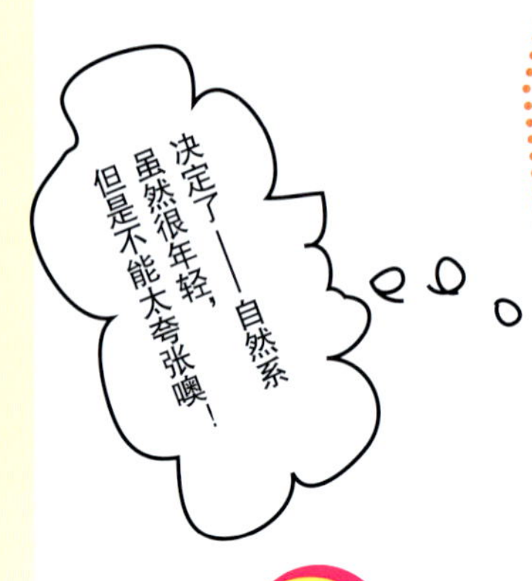

是啊！这样虽然很可爱，但是有刘海儿的话可能会产生新鲜感的！

应该在哪添加点饱满度呢！！！

问题 **这样稳重的感觉不是很好吗？**

如果继续这样的状态，你会变老的？
我要让你恢复青春

现在的年龄不改变的话，将来就没机会啦！

如果梳成熟的发型，表情会显得老气；相反，梳有朝气的发型会让你的表情充满生机。

Hair

1. 这讲的主题是前发刘海儿，首先把在内侧的头发分成三角区域。

2. 为了突出前额把刘海儿剪得相当短。

3. 为了让刘海儿产生厚重感，因此把头发梳下，以②的发长为设计线进行连接。

4. 侧面分成2层进行修剪，设计线的长度定在可以看到下颏的位置。

5. 上一层的头发以修剪完的发长为设计线，剪齐就可以了，因为原来的头发就很薄了，所以无须打薄削剪。

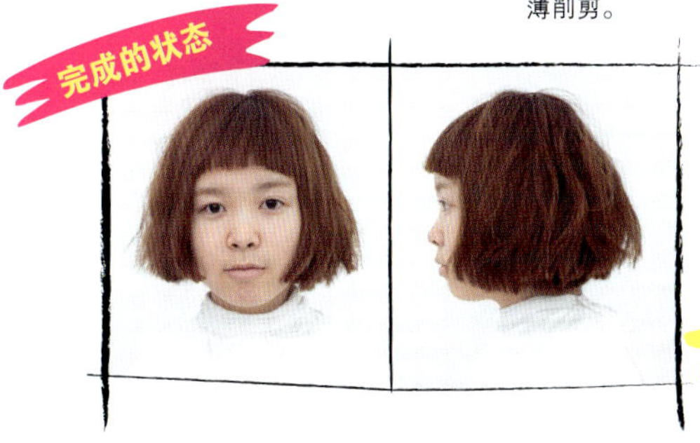

Make-up

重点部位进行化妆，告别平凡的妆容！

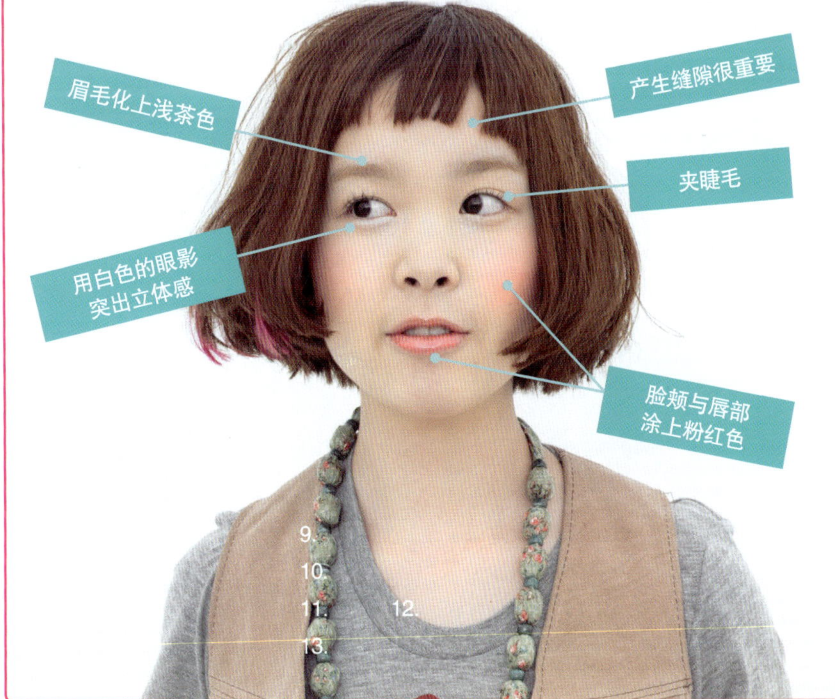

好修饰而"迷路"的女孩的目标

换发型、化妆，做了很多努力的少女C。
但是一直找不到答案，还把自己弄得筋疲力尽。

问题 **我真的能变可爱吗？**

大久保的回答

虽然有些异议，但是会努力把你变可爱的。决定把这个热情满满的女孩子打造成一个个性派！

挑战未知领域

在哪入手能够塑造出简洁明快的造型呢？
干脆采用2分区修剪技法。

发根的颜色虽然是黑色的，但是通过点剪让她更有活力

如果带上彩色的隐形眼镜，会和紫红色的眼妆很相称。

把妆化得浓一些，注重眼部

经过染烫后的头发，发质的情况相当糟。
剪掉比较好。

Hair

在头盖骨周围分成上下两部分。在右侧的下段用推子剃发。用梳子提拉发片后用推子把头发剃短。

用推子的一端剃出五角星的形状。

剃完的状态。

发量过多，内侧用打薄剪刀打薄削剪。从头后部开始到侧面，在发根至中间位置，由下侧入剪使发型产生内收感，这也是被推荐的技术手法。

继续用打薄剪刀剪出一直线鲍勃造型，以呈现不规则的轮廓线。

因为要在头顶部制造动感及束感，所以在发根处入剪进行打薄削剪。

把打薄剪刀换成平剪刀，剪刘海儿、两侧等，做出想要的轮廓线。

完成的状态

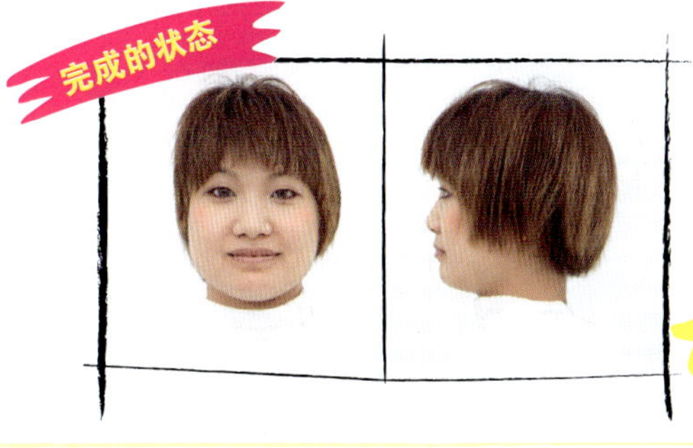

Make-up

化妆后就会变成顽皮女孩了。

致 发型师

最近一直困扰我的问题，终于有了答案。为了让大家也能更精神百倍地工作，我把自己的感受与大家分享。

我认为给女孩子理发，然后让她变得神采奕奕是一件很开心的事情。所以一直以来，我都是保持着可爱的风格，完全没有察觉到现在已经进入了自然美盛行的时代。我也已经在不知不觉中进入了40岁。教育、经营的课题也接踵而来。我认为已经到了让自己必须安稳下来的时期，可是一瞬间却又不知道该怎么做才好。

每天我都犹豫如何装饰店铺，该穿什么样的衣服……当今，确实已经进入了不一样的时代。我认真地想了又想，终于察觉到自己为何不能乐观、积极向上地生活了。现在，有很多这样的女孩儿，她们想变得时尚、可爱，她们认为和别人有同样的发型是很没个性的表现，我为这样的女孩儿而存在。以前我没有察觉到，为此感觉很抱歉。现在我决定要与喜欢时尚的人们一起度过人生，并实现自己的目标。发型师的工作从早到晚都很忙。因为沙龙是团体战，所以有很多不能顺利进行的事

情，让人很苦恼。当出现这种情况的时候，我就会考虑我为什么会成为一名发型师呢？我为了什么而工作呢？我好像已经把自己工作的初衷忘记了。当我很苦恼的时候，我想向别人倾诉。因此，如果有跟我一样苦恼的人，希望你们能听取一下我的建议。我认为最重要的事情就是自己活着要能给别人带来幸福。我们不仅仅是为了变得伟大、多存钱、生活而工作，更是为了能够让他人幸福而工作。或许我们大家在刚刚工作的时候都懂得这个道理。

无论是植物还是动物，即使再痛再寂寞，也会默默无闻地努力生存着。而我们拥有语言能力，拥有能够自由移动的双脚，拥有健康的身体，遇到一点困难就放弃是很任性的表现。

我最终得出的结论，实际上在很久以前我就懂得了这个道理，也就是我想说的，今后的生活虽然会很辛苦，但是只要我们不迷失自己的方向，就一定不会有问题的。

说实话，我们真实的身份是发型师的助理。

了解『动』与『面』的比例和TPO息息相关

北村贤[DE CELLIER]

通常为客人提供不同于发廊设计的盘发时，会加深彼此的信赖关系。当然了，一般的适合还不行。必须和『时间・场所・目的』相一致。教你适合的设计TPO（时间・场所・目的）的设计技巧！

photo_Kei Fuse [JOSEI MODE] illustration_Mayuko Sase

北村贤/1967年出生于东京，毕业于日本美发专业学校。是位于东京都内“DE CELLIER”4家店铺的负责人。2008年6月成为“北村美发研究会”的会长。从事发廊工作的同时，还在全国进行讲学。

构成盘发的两个“适合”

盘发的设计方案不但要配合客人的脸形、喜好，适合场合也是非常重要的。首先，对这两大要素进行解说。

1 绝不能忘记“TPO”（时间·场所·目的）

了解“客人一会儿要去做什么”是在盘发方案中不可欠缺的要素，也就是要符合TPO。受到大家认可的、轻便的，哪种设计更好呢……事实上，对此是有判断依据的，那就是“动”与“面”的比例。“动”多呢，就意味着华丽和高雅；“面”多呢，就意味着新颖和简单。如果掌握了动与面的比例关系，自然就会做出适合TPO的女性形象设计方案了。

动和面的比例	动 面	动 面	动 面	动 面
印象	简单 新颖 ←……	普通的女性形象	……	→高雅 华丽
场面	出席普通宴会的客人	出席友人的婚礼	出席同事的婚礼	出席正式宴会的客人

2 印象大改变（脸部周围）

和剪发一样，盘发的刘海儿也很重要。
仅仅是局部就会影响整体的设计感。
因为要符合TPO，所以要慎重选择适合的形象。

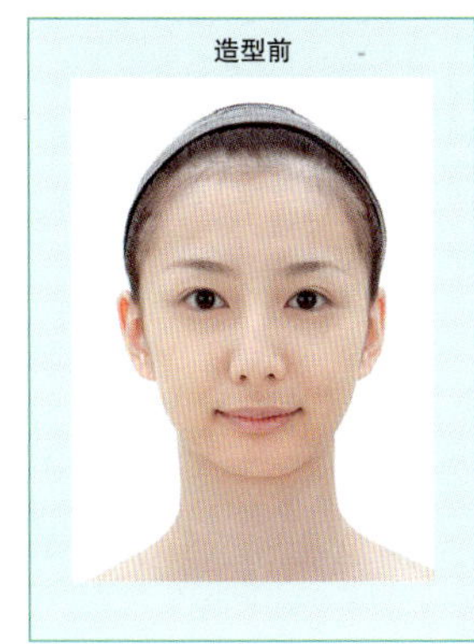

通过厚重的刘海儿取胜
全体重心下移，给人年幼的印象。不管从面部构成、还是从发型的动感来说，都体现了可爱的气氛。

10：0侧分呈现出动感
干练的形象。增加了跃动感。适合成熟优雅的设计。

10：0侧分的比例
强调干练的形象。清爽的盘发。通过新颖的设计，调和冷硬的氛围。

7：3侧分的比例
多用于剪发的发型（没有烫过），所以有一种安定感，是比较聪明伶俐的形象。

TPO×盘发的3种活用方法

开始实践。根据“动”和“面”的比例关系，还有和TPO的关系介绍设计作品。
首先在这里，以一个基座呈现3种设计。希望通过以下的介绍，达到举一反三的目的。

造型前

高层次发型，长度在肩下30厘米。打薄削剪的发尾很轻盈。刘海儿的幅面很宽，一直剪到太阳穴。

在这里，一个基座可以展开3种设计。希望通过以下的介绍，达到举一反三的目的。

制作基座

1 在冠区做倒三角形，黄金点稍向下，将发尾盘成圆形做基座。在头后部的正中线处从两侧耳朵上方分发束，分成6份。
2 头后部左右按顺序做成晚宴妆风格，发尾自然垂落。
3 将头顶部分一束发片拉到脸周围，调整一下高度，别在基座上。
4 把两侧头发向后梳，然后把发尾别在基座上。
5 完成的状态。两侧、头后部、头顶部的5个发束都自然垂落。这样就可做3种设计了。

Scene 出席普通宴会的客人

可以做一个简单的盘发。
这是普通的宴会和平时都很适合的设计。

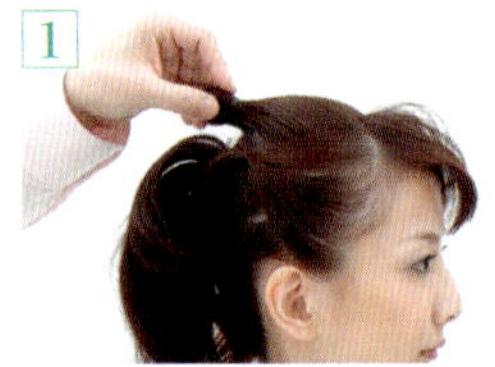

1 将头顶的发束卷回，用皮筋系上，高度稍微低一点。

2 把基座上的一束毛发和左侧的一束、左头后部的一束放在一起，整理发流做成发髻。在2分区点下固定。

3 把头顶的发束分成2束，一股用橡皮筋缠上，另外一束由内侧向下做倒梳。

4 头后部右侧的发束，用尖尾梳大幅度做倒梳。

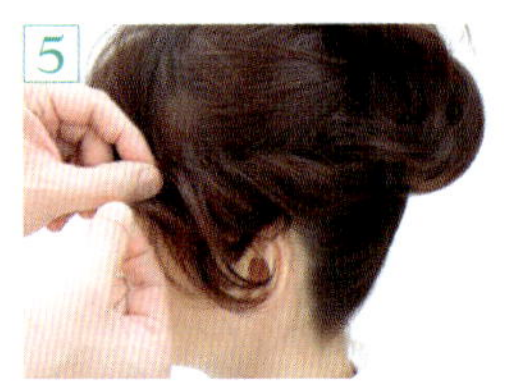

5 把3下面的发束和4的发束放在一起，松松地一拧，把头发别在左脸周围合适的地方。

6 右侧的发束同样做倒梳，别到2的发髻上。

Finish
符合设计要点的简单盘发。刘海儿有束感和动感，显得很成熟。

动 2
面 8

Scene
出席友人的婚礼

接下来，以客人的要求来说量感的位置
下面我们要看参加“结婚仪式”的设计。动感的量是重点。

1

头后部右侧的发束，用尖尾梳大幅度做倒梳，使头发蓬起，梳呈圆形别在左耳后。

2

头顶部的发束以 1 : 2 的比例分成 2 束，少的一束用橡皮筋系上，发尾向内侧别。

3
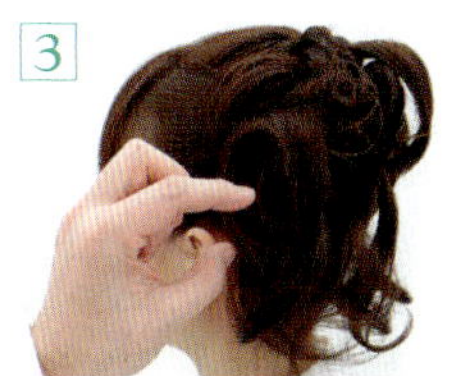
②中发量多的发束，很容易在内侧做倒梳。然后，呈圆弧状重叠在1上并且固定。

4

头后部左侧的发束，用尖尾梳大幅度做倒梳，中间到发根用夹子固定，让发尾自由地产生飘逸感。

5
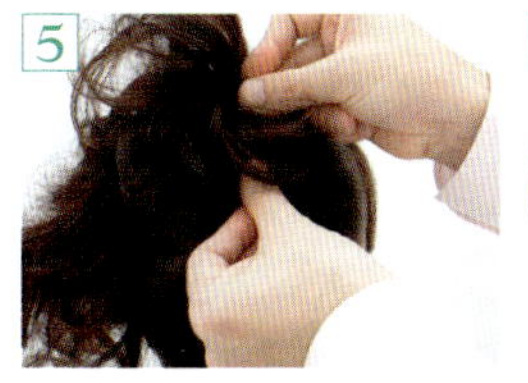
右侧的发束与4相同做倒梳，逆时针呈圆形固定，右侧头后部的发束通过左侧做倒梳，呈现动感。

6

刘海儿内侧做倒梳，调整出发根向上立起。

Finish

与“9 : 1”相比，更加雅致，刘海儿有漂浮感，还添加了轻快的动感。

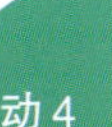

动 4
面 6

Scene
出席同事的婚礼

卷儿和发流是这个造型的两大要素。客人的装扮要符合同事结婚仪式的要求，这里是要求穿礼服的场合。

1

调整头顶部高度，比“8 : 2”稍高，用夹子固定。

2
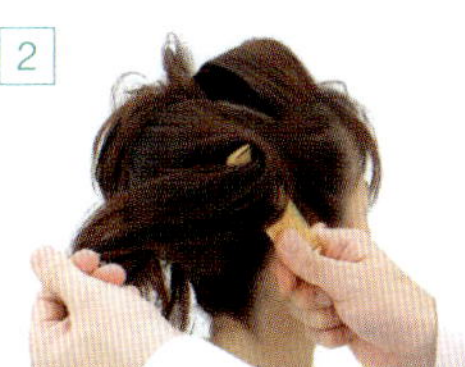
解开冠区的基座，发尾放在左手做倒梳。

3

让2的发束返回到前方，呈现大卷儿造型后固定，让发尾产生动感。

4

把头后部左侧的发束缠在冠区处的发束上，隐藏橡皮筋。发尾向3的内侧固定。

5

右侧的发束呈圆形的逆时针别到在3上面右侧，隐藏夹子。

6
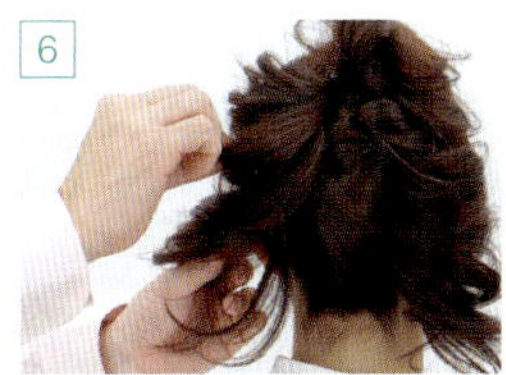
头顶部的发束分成2束，都向内侧做倒梳。顶部不动，头下部侧面的发束被头后部的发束别住并向前造型。

Finish

整体有束感和立体感，特别是后部动感与量感的对立的状态，更显优雅。

追求华丽的宴会盘发

继续学习强调华丽的宴会盘发。
差之一毫就可能破坏典雅的设计，但是掌握了动与面的比例就没问题了。

造型前

下部外轮廓线稍有些圆。下颏处加入了高层次，发尾稍微有点薄，容易突出束感。刘海儿的长度到唇部，与侧面自然连接。

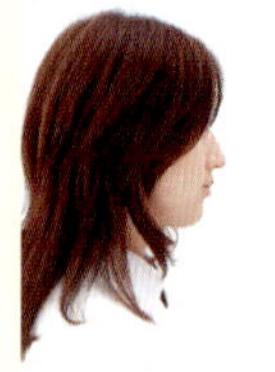

本次的设计目的是“5:5”。华丽高雅的盘发。

1 在头顶部做三角形基座，将头发在黄金点附近系成一束。并且在边线侧面，与根部平行处取发束，做细长的基座。两侧在耳朵上开始做前上造型，前额在头盖骨处取发束，分成8份。

2 在冠区根部把球状的假发片用发卡固定。倒三角根部的两边做好基座。

3 在2的部分，从发根到中间做倒梳，连接起来。

4 按左右的顺序整理表面，把假发包裹起来。

5 为了防止基座过松，把发尾向里扭、别住。基座完成了。

动 5 面 5

Scene

出席正式宴会的客人

参加正式宴会的客人，在参加高规格的宴会前，
可不能失礼啊！高雅的装扮很重要。

1 在基座周围取鳞状发束，向上扭转，别在基座上。

2 和1相同，在两侧分别在3个部位操作，让发尾自然垂落。

3 把头顶部左右分开，内侧做倒梳，调整量感。这是宴会卷发的要领，左右按顺序重叠并且固定。

4 在3两端取较薄的发束，内侧做倒梳，制造动感。

5 在耳朵上方取发束，把发尾拧起来，别在4的发束上，留出发尾。

6 两侧的头发也向后梳。同5一样把发尾拧起来别在5的下面，高度比5低。

7 在刘海儿顶端的侧面取发束，固定在5上面的任何部位都可以。另一面与4～7相同。

8 把2留下的头发和没梳上的发际线附近的头发做倒梳，以呈现动感。

Finish

全头的发流都很柔顺，卷发打理成大的波浪，产生很柔顺的形象。另外，高高的顶部，强调了高雅华丽的气质。

发廊的盘发，和平时的设计方案多少有点儿区别。操作之前考虑到“动”与“面”，是组合并且构成盘发中不可缺少的要素，了解其比例关系和适合的TPO（时间、场所、目的）就可以顺利做出设计了。为了帮助客人设计完美的盘发，让我们一起学习吧！

北村贤的盘发基础技术和设计理论精解

《魅力盘发设计》

（即将由辽宁科学技术出版社出版）

SHISEIDO
PROFESSIONAL

SHISEIDO PROFESSIONAL
资生堂专业美发产品

T77 T72 TC63 TC53 C50 C45

CTR 瑰美特冷烫

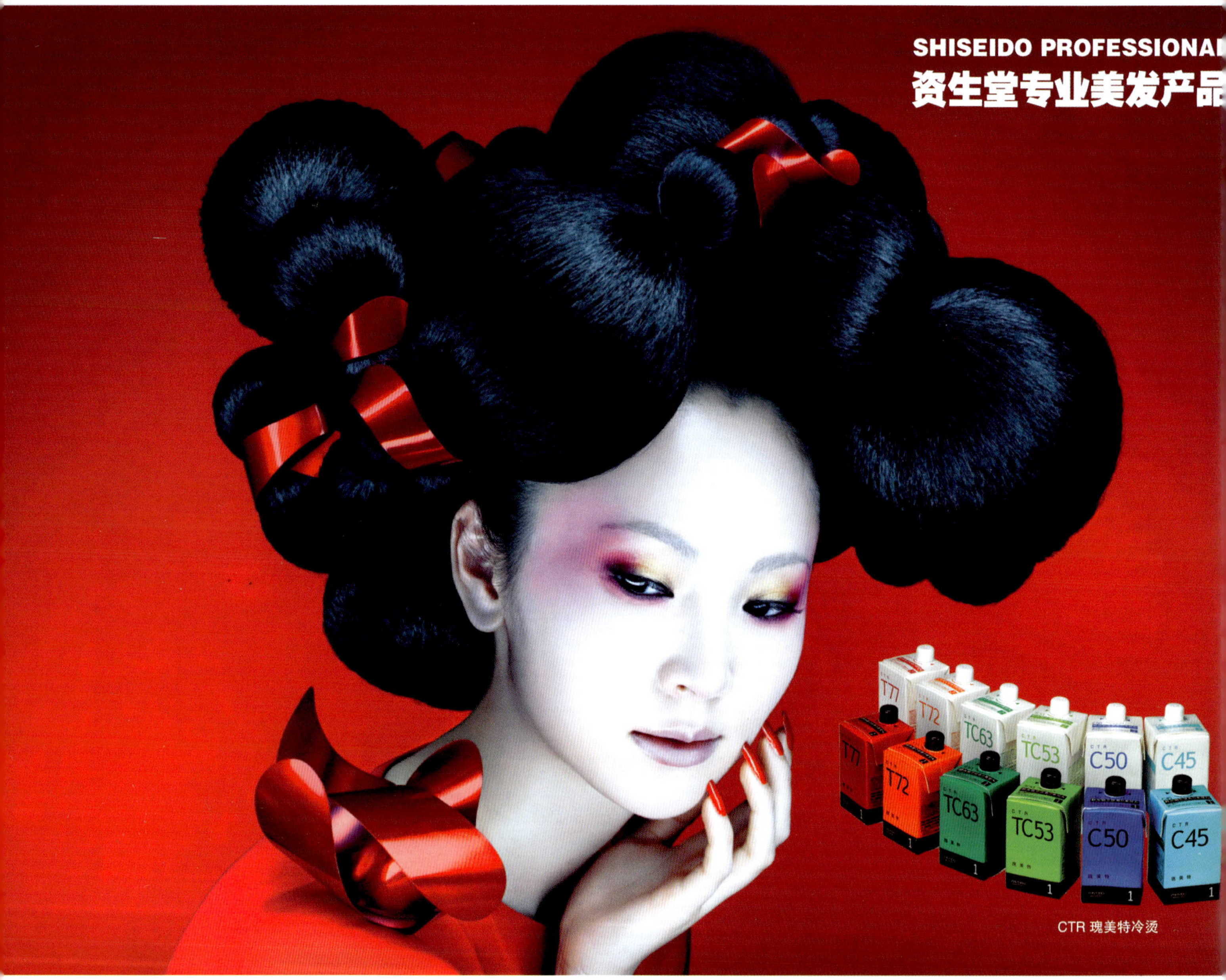

成熟女性期待着的魅力盘发

华丽的女性盘发

端庄的女性盘发

清纯的女性盘发

可爱的女性盘发

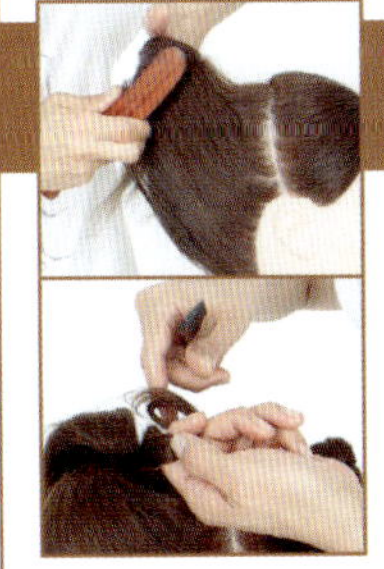

与不同服装搭配
全部 22 款作品附加盘发技巧说明

华丽的、端庄的、可爱的、清纯的盘发风格，满足客人想要盘发的设计意见。详细讲解了比较难做的中短发的盘发技术与方法。

做好盘发并不难！
板谷设计方程式

盘发技术和盘发设计出现问题的发型师之必备。

以形成“设计构成”的点（根部）、基础（基座）和装饰的划分方法来拓展设计思路。

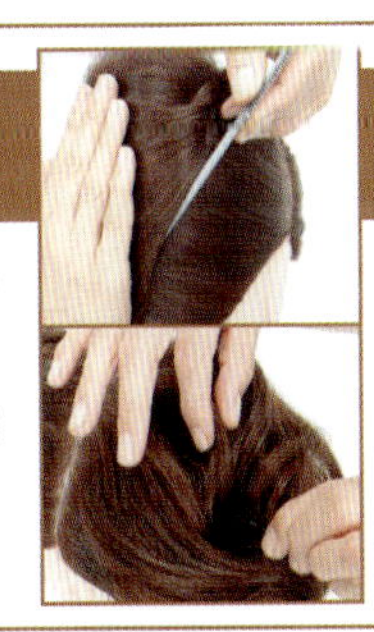

板谷裕实[ITAYA]

盘发大师板谷裕实为女性提出的体现高贵、美丽的盘发发型的设计和技巧

全国各地新华书店销售！

定价：54.00元

邮购：024-23284502 何桂芬

人气系列

毛发科学

为客人进行简单的说明。

主题
受损
（前篇）

由夏入秋，毛发受损的客人急剧增多，此时是毛发护理的关键时期。

I 毛发受损被分为3个层次

客人们一般通过光泽度、头发的颜色、分叉、断发等感官和触感等判断毛发的健康状况。但是，头发到底是哪部分受损了？

Q. 客人的疑问

最近，担心头发受损，怎么办才好啊？

毛发的构造

毛发受损通常是由表层到内部的。

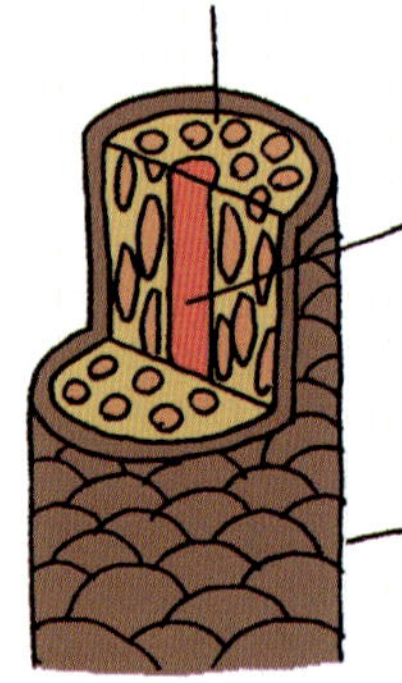

受损 STEP 1 **表层（18-MEA）**STEP1……凝结于角质层表面，防止角质层的摩擦，保持毛发的疏水性（确保水流渠道的畅通），含有毛法保护成分（脂肪酸）。

受损 STEP 2 **角质层**…
保护毛发的鳞状组织。

受损 STEP 3 **皮质层**…
富含决定毛发颜色的黑色素、纤维，以及对毛发生长最为关键的蛋白质。

要点 **因为毛发一旦受损，再想恢复到原来的状态就需要补充修护成分（类似于毛发的成分※1、毛发的可替代成分※2等）。**

毛发的色泽与温润度反映了皮质层与角质层的健康状态，毛发的颜色反映了毛发内部黑色素的含量或是染发后的护理情况，分叉和断发与皮质层的磨损度有关。

II 加快毛发的受损 染发与烫发

都说染烫伤头发，那么，为什么容易伤头发呢？
如果能说明的话，有助于向客人介绍发廊美发和家庭美发护理产品。

毛发中含有70%的蛋白质，这些蛋白质是由氨基酸与多肽、胱氨酸、氢键、氯键等结合而形成的物质。

染发的原理

强碱让毛发膨胀，
使酸化剂和染剂进入到毛发的皮质层，
在破坏毛发中黑色素的同时为毛发重新染色。

烫发的原理

切断原有的胱氨酸键进行重新组合，
形成卷发。

But 有问题哦！

染发对毛发的损伤　酸化剂破坏角质蛋白，从而损伤毛发。

烫发对毛发的损伤　破坏原有的胱氨酸键再次重组，如果无法重组就会受损。

1 进行染烫前后的护理很重要！

进行染烫后，毛发的稳定性会下降，因为经过化学物质伤害过的毛发很容易受损。

2 家庭护理也很重要！

染发的原理

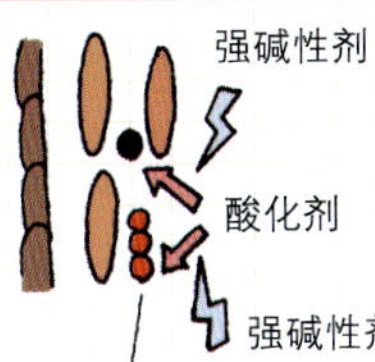

破坏黑色素，让毛发脱色的同时，酸化剂使染料为毛发重新染色

烫发的原理

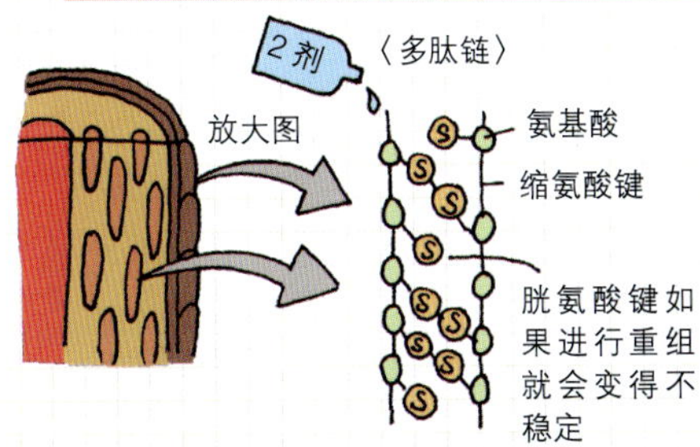

III 毛发受损的主要原因

即使毛发没有进行染烫（化学方面的原因），日常生活中还是有很多因素会加重毛发的负担。

日常生活中毛发受损的原因

化学方面的原因

●**游泳**……
水中的氯会伤害毛发。

物理方面的原因

●**梳理毛发**……
摩擦会破坏毛发的角质层，引起分叉与断发。

●**吹风**……
吹风时，如果吹得过干、过热，会引起毛发中蛋白质的变性。

●**洗发水**……
太多的洗发水也会除去毛发中的保湿成分与水分。

●**定型水**……
定型水中的酒精会引起毛发中蛋白质的变性，还会让毛发变毛糙。

环境

●**紫外线**……
破坏毛发中的黑色素与角质蛋白。

●**大气污染**……
尾气等有害物质会伤害毛发。

A. URESTA（超人气发型师）的回答

受损的毛发要通过发廊做特别的护理，再配合家庭护理。每天要认真地保养啊！

日常生活中也会有像这样的情况会伤害我们的毛发。如果毛发进行过染烫，那日常护理不就更重要了吗？毛发受到刺激，我们感受不到疼痛，可是一旦真受损了，就很难回到原来的状态。所以，要让客人们知道毛发受损的原因以及养成爱护毛发的好习惯。

下次的内容是头发冷烫后受损的应对策略。

※1…和原来毛发中含有成分相近的分解物质和诱导体。 例：加水分解蛋白质
※2…原来毛发中不含有的物质，但是是可以修护毛发的成分。例：多肽诱导体

材料提供：资生堂株式会社

善于引导顾客营造氛围的发型师

微笑着围成一个圆是每天的开始

发廊的氛围是靠大家营造的。每天的开始都是让大家在早会之后围成一个圆，气势就是从这个圆开始的。

“温和”与“喧闹”共存的地方

大家一致认为松尾是个和善的人。你会感到她是欢乐的中心，她走到哪就会把这种感觉带到哪儿。

松尾亚里

[quarto di art …e]

（兵库县尼奇市）

简介

松尾亚里/1977年5月出生。在大阪美容美发专业学校毕业后加入“hair studio art”。25岁出师。2003年发廊扩大经营时，成为“quarto di art …e”的店长。大约2年前成为伊丹、塚口、武库之庄的负责人。

SALON DATA

地　　址	兵库县尼奇市武库之庄东1-16-3
开业时间	2003年5月
老　　板	南浏秀树
店 铺 数	18家
店员数量	6名（quarto di art …e） 90名（全部）

松尾的类型

7种技能

视觉·空间 1
身体运动 2
待人 3
自我反省 4
音乐 5
语言 6
伦理·数字 7

善于处理人际关系的类型

结果很清楚地表明松尾是个受欢迎的人。交际能力（待人）相较其他能力更突出，可以看出她非常注重与客人相处。其次，音乐和身体运动能力也很不错，通过沟通找出的烦恼，在体验中学习松尾就是这种类型。

超人气发型师松尾亚里的业绩表

	技术营业额	商品营业额	指名客人数	总客人数
2007年2月	￥2 088 816	￥123 100	201	204
3月	￥3 000 869	￥257 957	286	294
4月	￥3 120 392	￥143 884	278	289
5月	￥2 674 999	￥141 440	251	261
6月	￥2 806 754	￥137 896	266	269
7月	￥2 949 445	￥283 633	272	276
8月	￥2 655 047	￥364 794	257	268
9月	￥2 718 405	￥127 230	255	265
10月	￥2 755 596	￥194 152	263	267
11月	￥2 419 349	￥151 140	229	234
12月	￥3 477 544	￥304 541	334	337
2008年1月	￥2 307 104	￥214 188	221	222
合计	￥32 974 320	￥2 443 955	3 113	3 186

客人平均单笔消费/￥11 117　剪发费用/￥5 250

让客人摸头发"再次确认"

那些发量多、要求多的客人。在剪完头发时，首先要让他们用手去摸。这个时候，在客人检验的同时自己也要再次确认是否达到客人的要求。就是这样！

客人眼中的松尾

板仓洋子
（29岁 会社事务）
［顾客历7年］

"松尾无论对谁都笑脸相迎，即使对自己下面的店员也是如此。"作为客人，板仓非常了解。"店员们都很开朗，我想他们一定是受到了松尾的影响。"板仓花了1小时20分钟（从明石）到了"quarto di art…e"。与平时一样，她选择了快要闭店的时间。"因为这个时间来可以好好地聊天。"真是很可爱的想法。

未译

位于阪急线沿线的武库之莊站的"quarto di art...e"。周围都是高级住宅区，附近还有同类的3家店。虽然挑战很多，但好评如潮，差1个多小时闭店的时候，来到店中的客人还是很多。

走进理发店的瞬间，并没有过分的喧嚣，而是充满了宁静、舒适的感觉。这就是"quarto di art …e"，松尾亚里就在这个既温和又喧闹的地方。也是她制造了这种氛围。来这家店的客人难道都是来聊天的吗？为何到处都充满白然爽朗的笑声？采访店中的客人，答案则是压倒性的否定。

塑造这种氛围的松尾最关注的是："我们为客人们带来快乐了吗？"她在成为发型师之前"非常喜欢去发廊，可是一进去就有一种紧张感"。所以，怎样释放客人的紧张感？要是自己呢？想怎么办？成为发型师后她就常常自问自答。

"我想女性朋友或是普通朋友在说'好可爱''是啊是啊'的时候就是交流。但是，首先自己心中要快乐。"

但是要创造这样的"空气"，单单凭借繁忙的松尾是完不成的。那究竟是怎么做到的呢？"quarto di art …e"是由许多成员组成的，这些成员可能处在有高有低的位置上。就会像有"学习"和"传授"这样的关系。其中处在最高处的松尾常向大家传授经验："即使技术过硬也是不够用的，客人来了你不能只是默默地干你自己的活，看到客人的脸，要想想怎么才能让他们露出笑容。"

在发廊中，"看着客人的脸！这样不太好吧！"也有产生这种感觉的时候，这种冷淡的感觉就会在不知不觉中影响到你的同事。因为即使做个记录，礼貌的送走客人，也还是不能理解客人的想法。

"技术仅占3分以上，客人对'感情'这个部分还是抱着很大希望的。"

为了客人的笑颜

松尾和同期的发型师相比，出道算很晚了，所以常常比别人多花费一倍的努力。

"成为一名设计师，就要立足于本职。然后就是考虑好客人的需求。真是因为这个道理，所以才希望同事们在想象客人笑颜的同时，还应学习技术和待客之道。"

为"客人的笑脸"而努力的松尾，她所要的不是表面上的东西，她重视的是"人心"。虽然只是一个人的想法，却能感染大家，让大家产生共鸣，从而凝聚成一个集体。这种感受非常强烈。

摄影秘籍

《HAIR MODE》的封面作品广受好评。人气急升的三好真二（LILI）和摄影师涩谷健二郎要公开摄影的方法与拍摄用的制造发型的方法。摄影爱好者，不专业的或是初学者一定要认真看啊！

三好真二 [LILI]

1973年出生，毕业于高津美容美发专业学校。毕业后在一家发廊和资生堂SABFA工作后，加入了“HEARTS”。2006年开设“LILI”。

涩谷健三郎 [mili]

1971年出生。毕业于日本大学艺术部摄影学系，成为ZA · SUTAJIO（音译）的助手，1997年成为自由工作者。经常参与拍摄杂志、广告CD封面等活动。

三好造型，涩谷摄影，他们共同合作为《HAIR MODE》拍摄了3幅作品。他们二人共同缔造了一个温和如梦的世界观。（这3幅作品都是用胶卷拍摄）

对发型师来说，摄影作品的最大优势就是它被赋予了获得进步的“沟通能力”与“设计感”，这也是发廊工作者不该欠缺的因素。

拍摄作品，对于发型师来说，模特当然是必需的，但还要有适合环境的化妆师和摄影师，服装、场地提供者，这与和客人打交道不同，是需要各种各样的人来共同完成的，所以，通过这样的工作经验，可以掌握准确传达自己想法和意愿的方法，锻炼团队活动能力。如果没有这样的能力，决不能拍出好的作品。

另外，为了让自己的设计看起来更好，就要努力提高自己的技术水平。通过拍摄作品，可以养成对自己能力和作品的客观性。

有益于提高技巧的方法，就是作品拍摄。请参考这一页，开心的试一试。

hair & make-up_Shinji Miyoshi [LILI] photo_Kentaro Shibuya [mili]、Miho Noro

Photo 篇

[基本拍摄技巧]

作品拍摄是针对“拍”和“发型”进行的。首先，对“拍”进行讲解。因为推荐的器材使用很简单，马上来试试吧！

把这些器材备齐！

如果把这些器材备齐的话，无论什么样的作品都能拍摄了。剩下的就靠技术了！

如果组装完成，就会变成这样

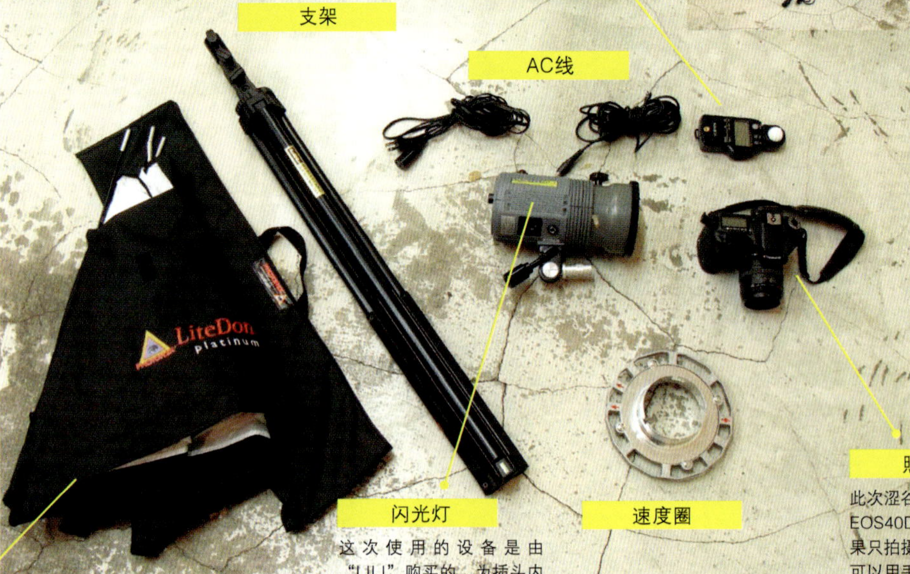

计量仪

测定光线强度，推断照相机中所有的曝光值的机器。不用也可以，有的话会更方便。

支架

AC线

软箱

各种尺寸都有，但是60厘米×60厘米以上的就很好用了。因为是起到让光线更加柔和的作用，在作品拍摄时非常方便。通过速度圈与闪光灯相连。

闪光灯

这次使用的设备是由“LILI”购买的。为插头内置的400W的闪光灯。拍摄时开盏灯就可以了。用AC线把照相机与电源相连，立起支架就可以使用了。成套买、单买都可以。

速度圈

照相机

此次涩谷使用的是佳能EOS40D的照相机。如果只拍摄上半身，这种可以用手拿的肯定没问题。如果买照相机，推荐买数码单反照相机，透镜可以根据情况选择，数码照相机大概用50～80米的。

发现摄影场地的方法

在发廊中寻找摄影场地。

▶ 推荐场地①

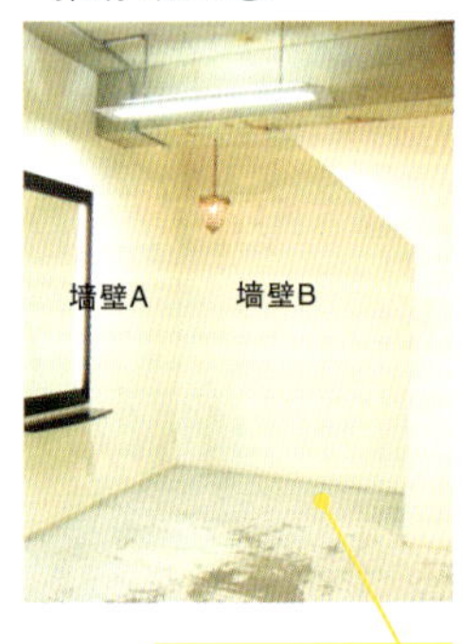

拐角

墙壁×墙壁的拐角容易拍摄。因为让墙壁反光可以调节采光。拍摄头部时，也没关系，不用那么介意。

今天在这里拍摄！

10 米

15 米

墙壁A

墙壁B

LILI发廊内的取景图

▶ 推荐场地②

其他场地

推荐有陶瓷、金属之类能映射的特殊材质的场地。这样场地中光线可能会有很微妙的感觉，也许会拍出很棒的照片！

采光『入门』

发廊总动员尝试一下做『拐角』

1米 1米
墙壁A
光
模特
移动
移动
相机
墙壁B
2米

这次的采光!

首先在这操作

这样的状态

如果发廊内有这样的墙壁拐角做拍摄场地就再好不过了。如果没有合适的场地，现场搭建，问题也不大。

在墙壁A或墙壁B的那一方，就像挂着好多布景和布帘（不要让光进来。站在哪面墙能达到效果，哪面就比较好）。如果是有颜色的墙，会影响拍摄作品，但也可能会有意想不到的效果。

<如果移动光线的位置的话>

光线的位置与角度
请变换模特站立的位置。

背光的地方

稍微活用

模特在距墙壁A、墙壁B1米的地方站立。光线固定在比模特稍高的位置且向上，相机正对顶棚。射向背景，整体呈现柔和的感觉。
（ISO感度100/光圈8）

墙壁A
（上方的光线）
离墙远的位置
墙壁B

向光的地方

标准

让模特站在墙壁A、墙壁B附近。固定光线在比人稍高或几乎等高的位置。因为由于光的反射，整体看起来非常明亮，白色背景，人物形象更清晰。
（ISO感度100/光圈7.1）

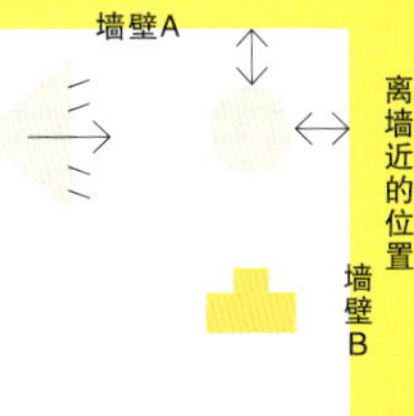

Hair 篇

[整理头发的方法]

以拍摄为目的的美发作品与发廊中和比赛中可以用肉眼看得到的美发作品在制作方法上有所不同。

从侧面开始打理！

侧面开始的头发是决定平衡感的关键。

所谓的横向…是向前打理

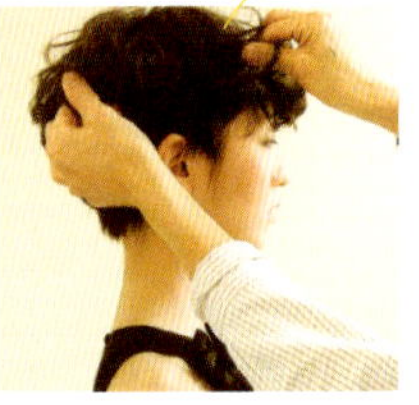

发型拍摄的关键就是在摄影的二元世界中，让我们感受到作品的立体感。从正面开始拍摄时，平衡感的好坏，由侧面的量感与动感掌握。如果从头后部至前额，呈倒扇形展开后，进行细节调整，那么就可以看到适合的效果。

把作品再放大一倍！

夸张即适合，摄影的独到之处。

现实生活中的适合

摄影作品中的适合

拍照是现实生活的缩小化！

上面照片的发型，用肉眼看，是平衡感很好的完成作品。但是在摄影时，它的视觉效果就会差一些，表现不出设计的精髓。右侧的照片如果用肉眼看可能有些夸张，但是如果是在摄影时，却把空气感、质感与平衡感都表现得很好。所以，拍摄时要放大作品。

卷发与动感的表现

「自然」造型的卷发对策

这次要做的发型很难做

各处都要再卷一卷

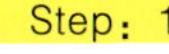

Step：1

<卷发>

从头顶部分区开始，沿发流向下自然卷出螺旋造型。

使用卷发器从头顶部分区开始卷，沿着发流的方向往下自然地卷出螺旋状造型。如果从后部开始卷就很难制造出量感，还会显得过于蓬松。不要过分向根部卷，那样卷出来的螺旋卷就会像西洋卷发一样，向前向后交融着。

Step：2

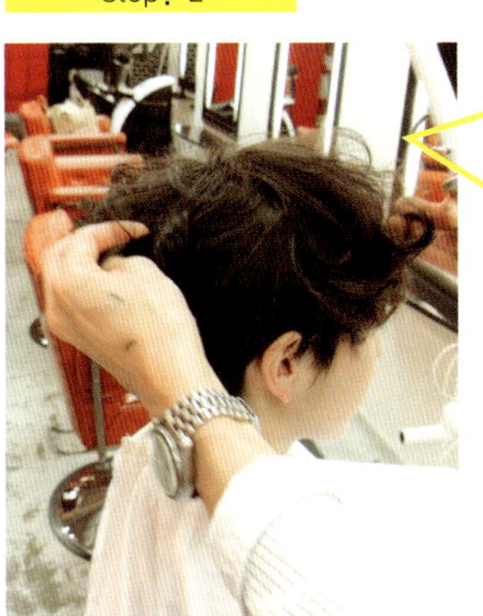

<弄乱>

有余热时用手抓一抓

当头发还有卷发器残留的余热时用手把头发弄散。

Step：3

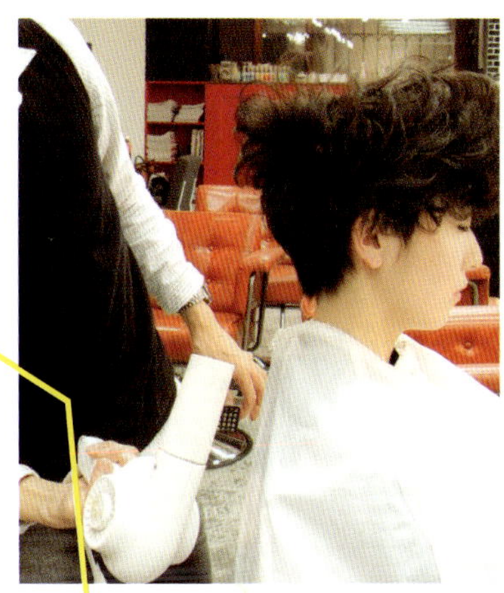

<无意识的操作是错误的！>

怎样使用喷雾器？

三好在这次的造型中虽然不使用定型胶，但是在烫发造型中必须要用喷雾器时，则要把喷雾中的物质喷到手中，用手涂在头发上。如果直接喷在头上，就会感觉硬邦邦的。

不可使用梳子

为了使发束更具动感，用梳子的末端整理发型。但是三好这样的处理在日常卷发中是不需要的。总是把头发弄乱些，向图片上那样。因为在摄影时，用手指抓的话会呈现自然的动感和绝妙的光泽。

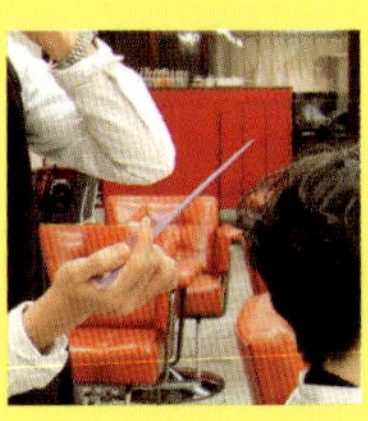

Step：4

<整理>

从头顶部开始整理

最终完成时要从全局出发。从头顶部开始整理发流方向、动感、轮廓与手感的平衡。如果把视野仅局限在细节上，发卷的动感就会很僵硬，重量感就会纠结不清。

尝试实际拍摄

继续做吧！三好与涩谷的『实况直播』！

Start!

A 采光

标准采光

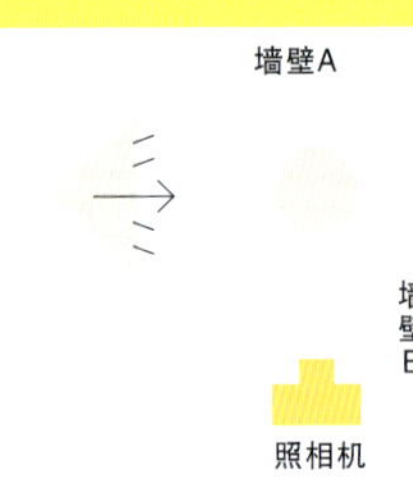

Test Shoot!

"可爱！但是卷发的波纹太一致了，感觉差了点什么"

Check!

"加上一些柔和的灯光，作品的表现力会更强"

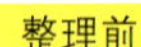

●照明A→B

A的采光在这里是OK的。但是涩谷认为因为是冷硬的感觉，更适合拍摄立体的设计和强势的女性形象。制造整体阴影，为了让发型和模特的皮肤看起来更柔和一些。做出光线围绕不到的区块，想要让模特的肌肤做出光滑的阴影层次，模特要接近光线。

整理前

×沉重・表面纹理一致

整理后

○稍微吹了一下产生了轻盈感・表面凹凸不平

如果把头发卷成一根根蓬松散落的发型，即使肉眼可以看见那些小发束，但是到拍摄时由于光线融合的作用，发束也会看不到。因此，没有空气感的伏贴的发型即使用采光照射，表现的蓬松感效果也不明显。

让大家激动　不断摸索

因为有和同事一起举办的摄影机会，情绪高涨，很开心，所以想推荐给大家。我认为如果大家集思广益不断摸索，可能会拍出意想不到的照片，每次都会再次发现头发的魅力，不要把期望值定得太高，轻松尝试。坚信"让头发和模特"变美丽这一信条，并尝试各种方法。

Shibuya's comment

而且
要适合脸形……

不管是什么样的风格，适合脸形都是不变的铁规则，特别是要适合拐角以上的部分。

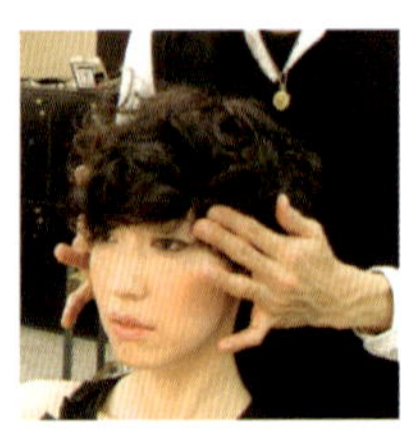

B

采光

模特在光线附近远离墙壁站立

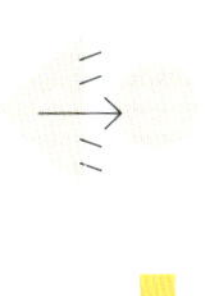

Shoot!

C

采光

模特在光线附近靠墙壁站立

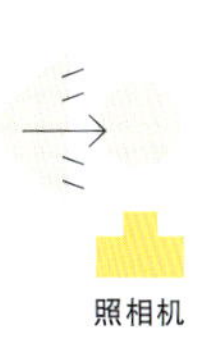

“如果控制好逆光，效果会更好”

Check!

“从右侧开始拍摄”

●照明B→C

涩谷打算尝试采光B这种想法。但是考虑到如果真的要拍摄出这种带表情的轮廓，生动地拍出投到墙壁上的影映到墙壁，是不可能达到绘画的效果的，所以就选了采光C。通过光线接近墙壁，产生强烈的逆光，这样一来就可以完美地表现出头发飘逸的感觉。

Miyoshi's Comment

大胆地抓取头发！但不要弄得太乱

这样抓头发是很重要的，虽然大胆地调整头发是很难的，但是要下决心，使劲儿地揉，寻找最好的重叠感觉。细致地线条与整个“面”的构成虽然很重要，但是，如果想追求自然的动感，却是很“偶然”的机会，那是很考眼力的。头发有自然的延展性，想要停止到某一画面只是一瞬间的事，不是吗？

完成！

URESTA！《丝语》美发课堂

URESTA!
通向超人气发型师的捷径

思考发型和形状的关系！

最受欢迎的
剪发基础

第4讲 短发鲍勃

这是根据福井流派“发型”制作的基础技术和“矢量设计（方向性设计）”的理论与方法，介绍发型设计中最受欢迎的剪发基础的第4讲。这次的主题是受欢迎的“短发鲍勃”。基本发型是“蘑菇式”鲍勃造型和“向前斜上”造型。大家请注意，在这两种基本发型中加入了什么样的技术，加入后又会发生了什么样的变化。

这是什么？
URESTA!
ACADEMY

所谓《丝语》美发课堂，是《丝语》送给广大读者的大型连载——“通向URESTA（超人气发型师）的捷径”系列讲座。在这个“课堂”里，我们请来了日本的超人气美发大师为大家详细讲解剪、烫、染等美发实用技术，为读者创造一个直接向大师学习的机会。

第1讲 高层次长发
第2讲 高层次中长发
第3讲 中长发鲍勃
第4讲 短发鲍勃
第5讲 高层次短发
第6讲 不对称

任课教授

福井达真
[PEEK-A-BOO]

1973年出生在京都市。东亚美容美发专业学校毕业后，进入PEEK-A-BOO公司。以发廊工作为中心，活跃在讲座、杂志、广告、摄影等多个领域。2004年获JHA最优秀新人奖。爱好是骑自行车。

以两种“型”为基础制作短发鲍勃发型

首先 选择“型”

这一讲介绍的是福井流派的受欢迎的短发鲍勃。
以“向前斜上”和“蘑菇式鲍勃”的“发型”为基础进行制作。
掌握这种技术是完成受欢迎的短发鲍勃的捷径。

第1种发型 1
向前斜上造型

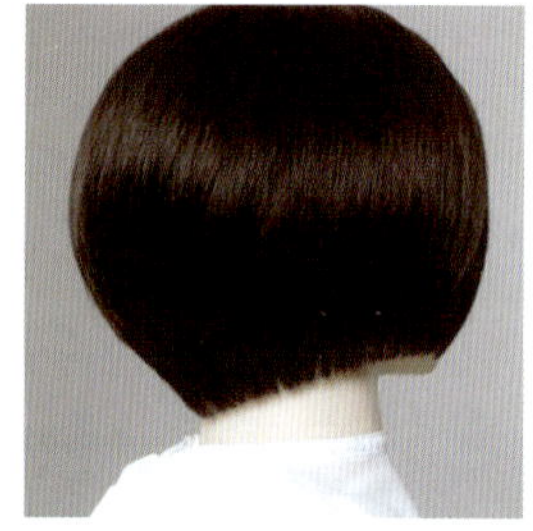

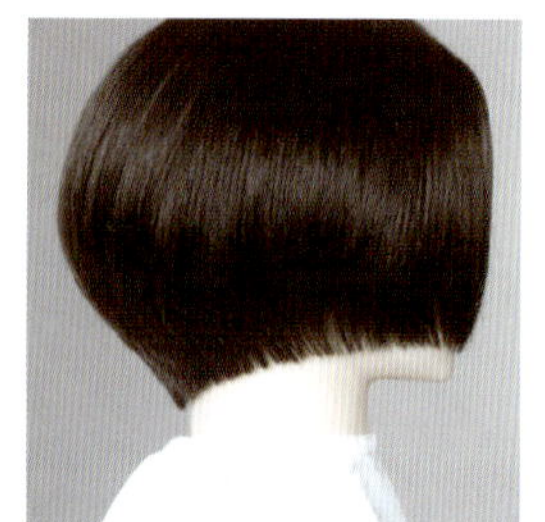

CLOSE UP

提取发片的方法·思考方法

［头下部分区］

1

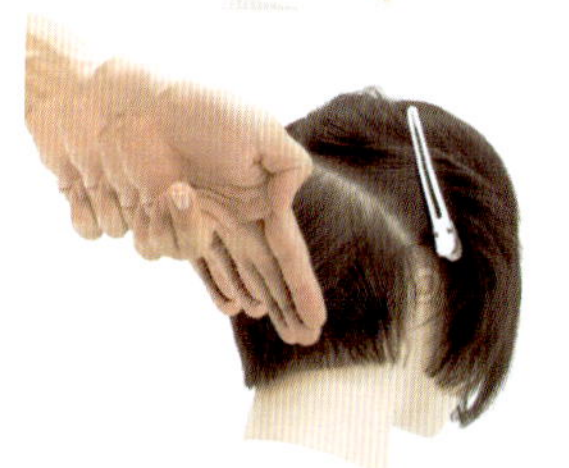

2

［头中部分区］

［头上部分区］

［头顶部］

［前额］

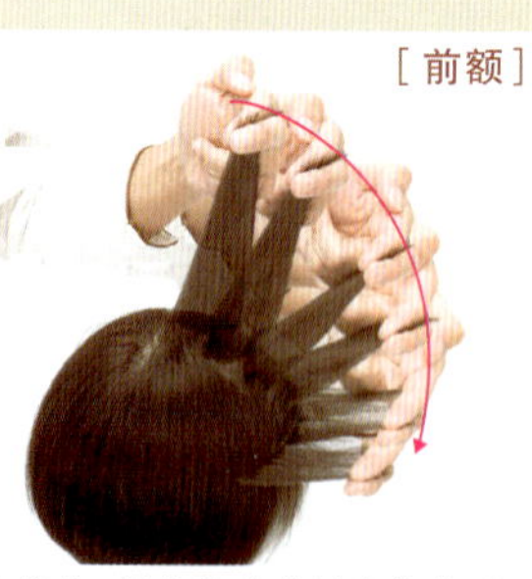

在头后部从头下部开始以八字形取发片，用偏移修剪技法修剪后，纵向接近八字形取发片，做低层次的调整性修剪（也就是说检查一下刚刚剪过的头发的长度是否整齐）。在头中部分区以八字形取发片，在头上部分区以V字形取发片，从头下部分区的延长线上加入低层次，和头下部分区同样进行调整性修剪。在头顶部和旋儿周围、前额在正中线处纵向提取发片进行剪发，形成设计线，渐渐地变成V字形取发片，相互进行连接。

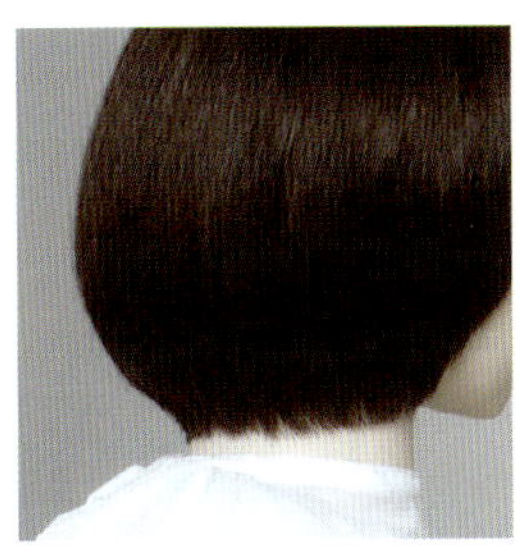

提取发片的方法·思考方法

[外轮廓线]

修剪脸部周围的“蘑菇式轮廓线”时，要从前发向侧面放射状取发片，连接成均一的圆弧状，注意不能出现棱角。

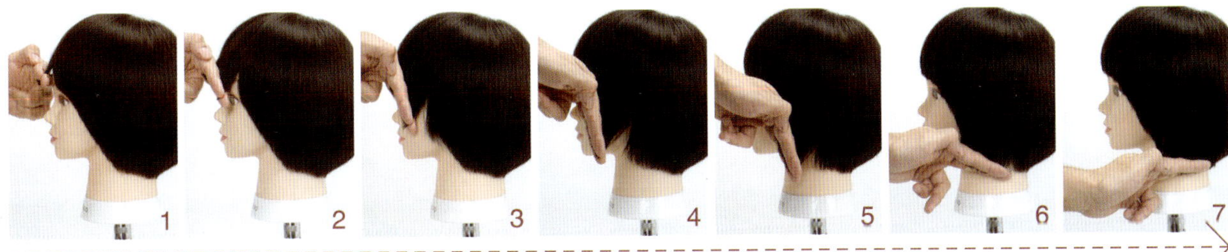

[侧面~头后部]

鬓角~侧中线，耳部周围~头后部正中心，从发际线开始到表面都要用圆弧状的切口来连接。

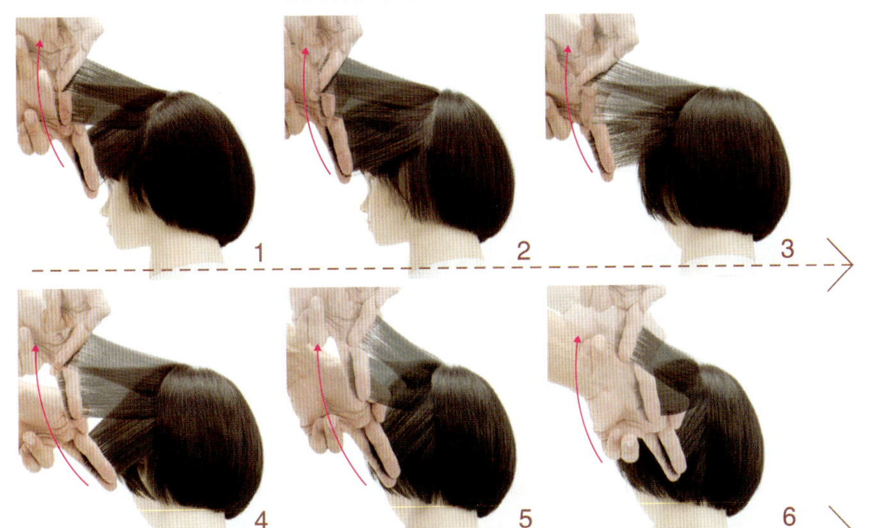

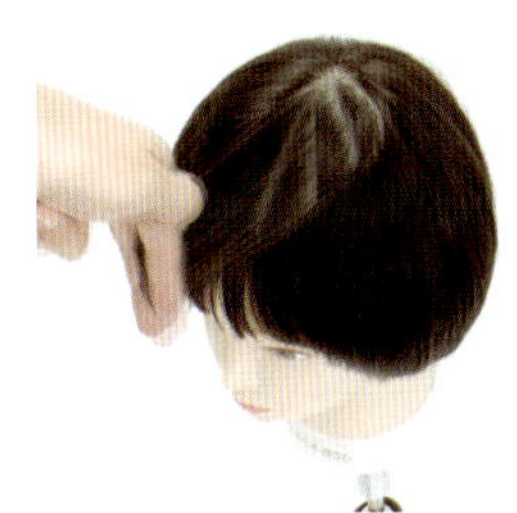

[前发~前额]

从头顶部向前方提取发片进行修剪，形成设计线。进而从前额分区开始到侧中线都用偏移修剪技法并连接，在侧面制作加入低层次的基本型造型。

case...1 短发鲍勃发型

向前斜上造型的基本型+向前斜下低层次造型

根据"向前斜上"造型制作的短发鲍勃

第一种受欢迎的短发鲍勃是在向前斜上造型的基本型的基础上，融进了向前斜下低层次造型技术而形成的。加入了低层次的操作方法，最后完成的结果是向前斜下造型风格的发型。但是，原来的基本型是"向前斜上"造型的发型。

这个"发型"是基本型！

向前斜上造型

使用这个技术制作短发鲍勃

完成目标

头发颜色

把前额～头顶部按照左右瞳孔间的宽度划分成马蹄形。用ARIMINO "Asian Color脱色剂120+6%"进行大区域的高明度挑染、用欧莱雅 "EQUA LIFTER4棕色+2.7%" 进行较细部分的高明度挑染，两者交替进行。另外,在下颏轮廓线的延长线上也加入低明度挑染。冲洗一次后，全体反复涂上威娜 "CHLESTONE10/100+6%"。

吹风造型

为了不体现量感，边用刷子梳头边在全体呈放射状地吹风。吹干后，使用造型力一般的发蜡，稍微偏向右侧分缝，调整发束感和发流。进而把侧面的内侧贴着耳朵，呈现伏贴感。

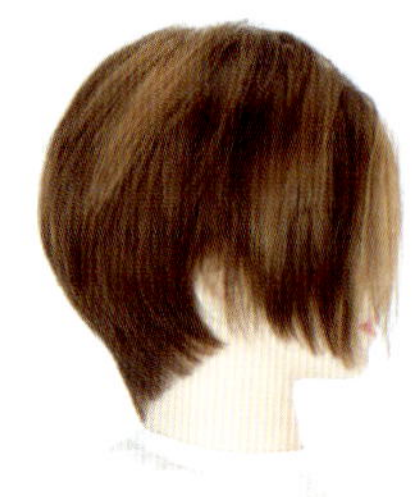

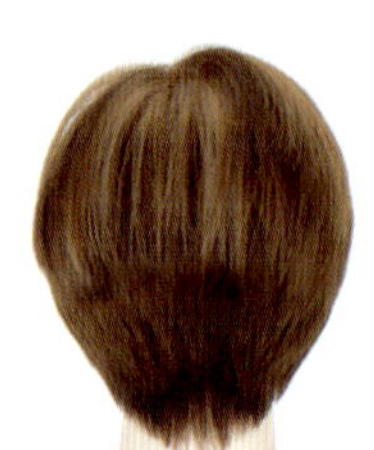

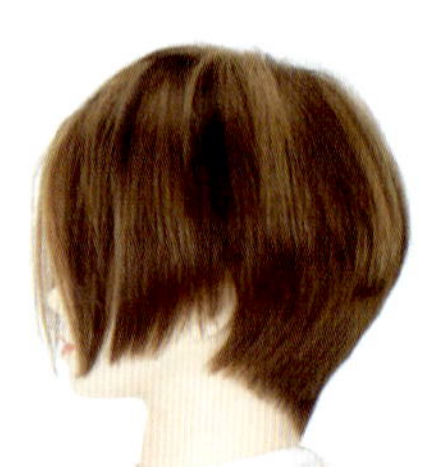

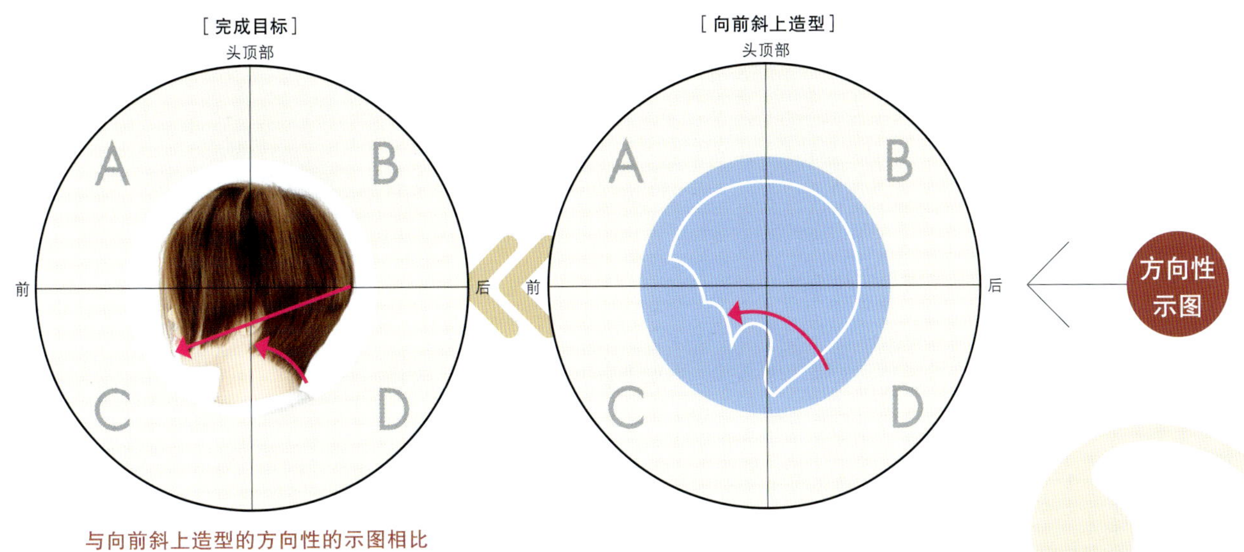

与向前斜上造型的方向性的示图相比较，D的分量小，向C扩大的范围大。

发型设计的方向性和剪发的构成是怎样的?

比较、检验接下来成为目标的发型设计和“型”的方向性。另外，因为也要配合剪发的展开图进行介绍，在进入剪发过程之前，请把成为目标的发型的构成牢牢地记在脑子里。

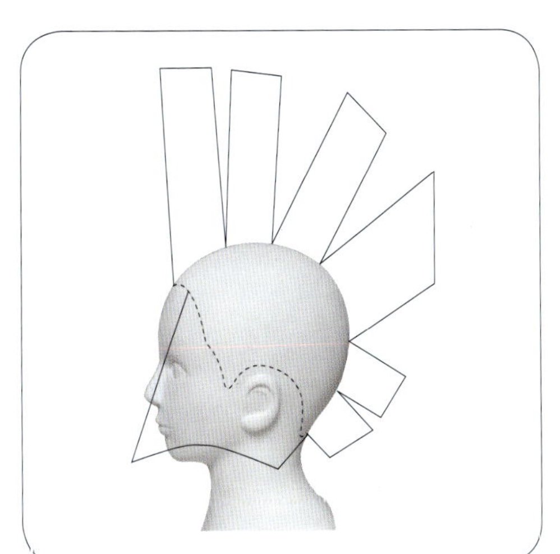

侧面的轮廓线以向前斜上造型为基本型，剪到下颏轮廓线位置。修剪低层次时，在每个分区都要改变取发片的方法，从头下部开始连接，不留棱角。

为了完成目标发型

1 { 第1 }颈背分区的低层次要尽量体现伏贴感。

2 { 第2 }在V字形发片中加入低层次时，在下面的延长线上剪发。

3 { 第3 }长度设定在下颏的轮廓线上。

{向前斜上造型的基本型+向前斜下低层次造型}

technique process

这次是按低层次的构成，组合而成的发型。要意识到漂亮的段层幅面和面以及轮廓线和平衡感之间的协调，再进行修剪。

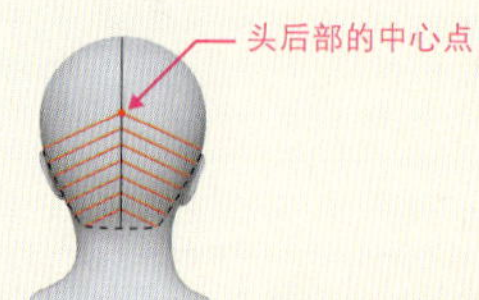

修剪前

开始

头后部：头下部分区的低层次

由通过两耳后部和头顶部中心点的侧中线（A）划分出前后两部分，以正中线为界（把整体）划分成左右两部分。

在头后部以八字形取发片，与水平面平行向正后方提取发片，在发片的上侧的长度为3.5厘米的地方和分缝线平行进行修剪。到连接两耳后和头后部正中心点的轮廓线的高度，以下方的发长为设计线，在第1个发片的位置进行偏移修剪。

头后部：头上部分区的低层次

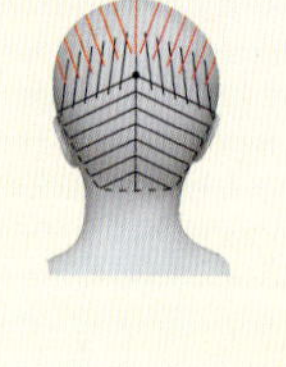

发片拉向正后方。

和头下部分区同样以八字形取发片，向正后方提取发片，一直修剪到耳后进行连接。

靠近侧中线的上侧部分也在下方的延长线上进行修剪，连接低层次。在这里，发片从八字形渐渐变成V字形。

侧中线

在这个方形空间里剪发。

头后部：检查头上部分区并做调整性修剪

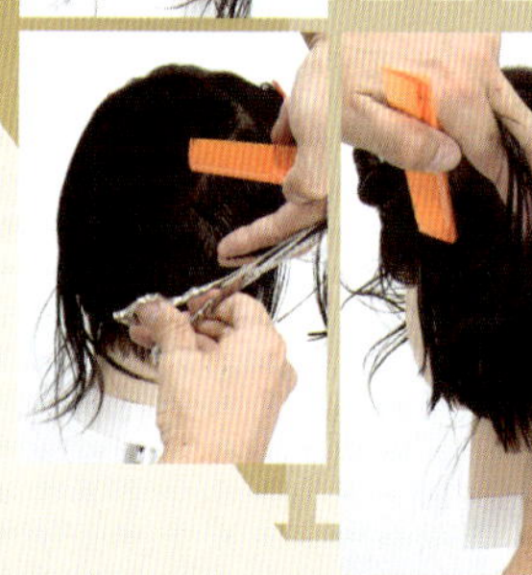

检查头上部分区加入的低层次。从正中线开始垂直提取发片，在下方的延长线上进行剪发。

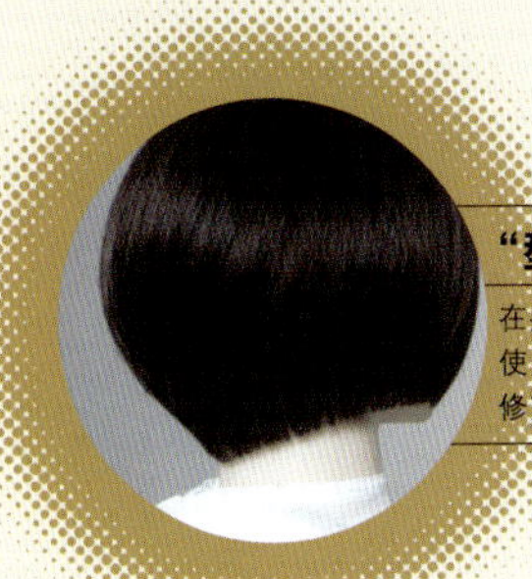

“型”

在头后部低层次修剪中，使用“向前斜上”造型的修剪技术。

头后部：头下部分区的调整性修剪

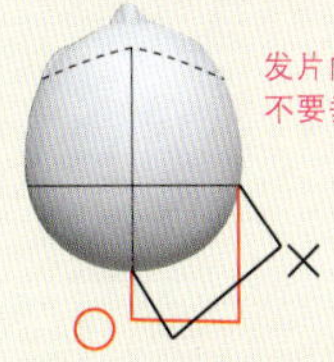

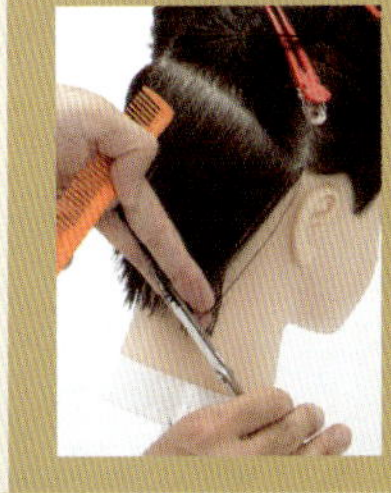

从头后部中心点连接颈背分区的（八字）向正后方提取发片。以颈背分区的发长为设计线，与分缝线平行修剪。同样，平行地取发片进行修剪直到耳后，加入低层次，稍稍呈现出轻盈感。

头后部：头中部分区的低层次修剪

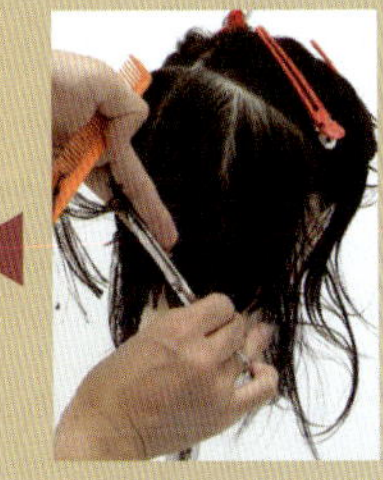

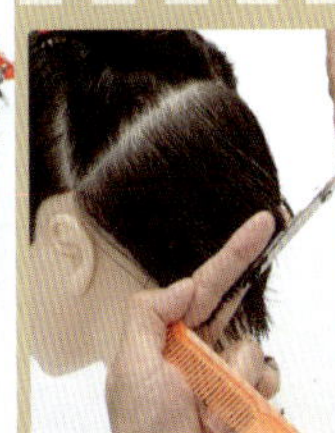

把从头后部中心点到侧中线分成两段，从下侧开始修剪，从正中线开始与水平面平行取发片，在头下部分区加入的低层次的延长线上进行修剪。

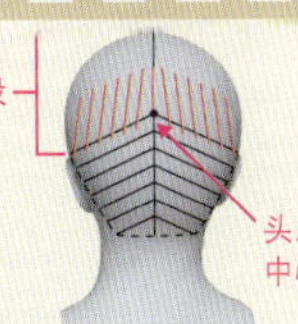

要点

再从头后部的延长线上进行修剪。

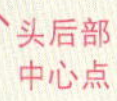

前额：低层次

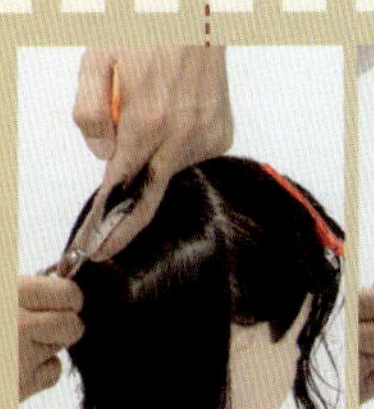
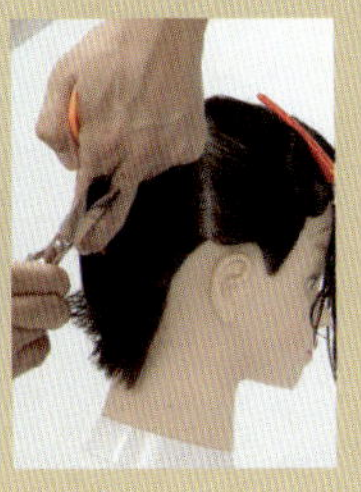
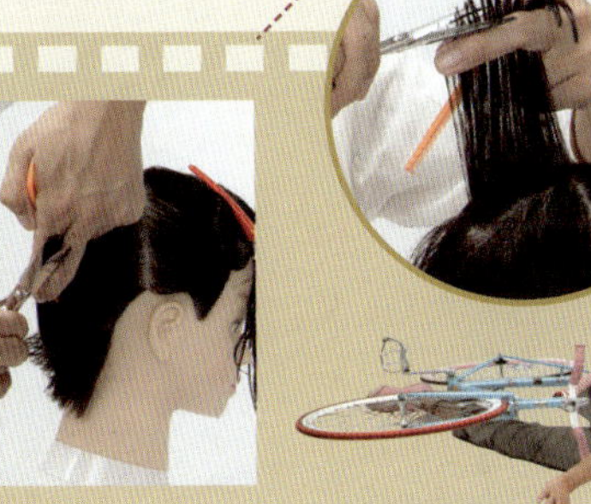

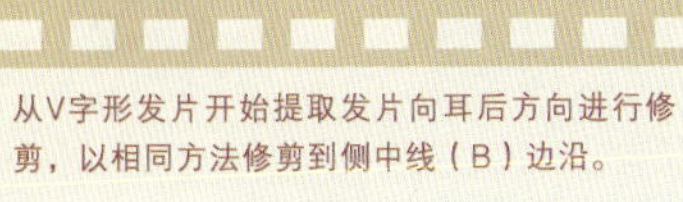

从V字形发片开始提取发片向耳后方向进行修剪，以相同方法修剪到侧中线（B）边沿。

不要和头皮平行进行修剪。从下面的延长线上进行修剪。

在距离开始定的侧中线（A）3厘米的脸侧面划分缝线，从正中线开始垂直提取发片。

{向前斜上造型的基本型+向前斜下低层次造型}

technique process

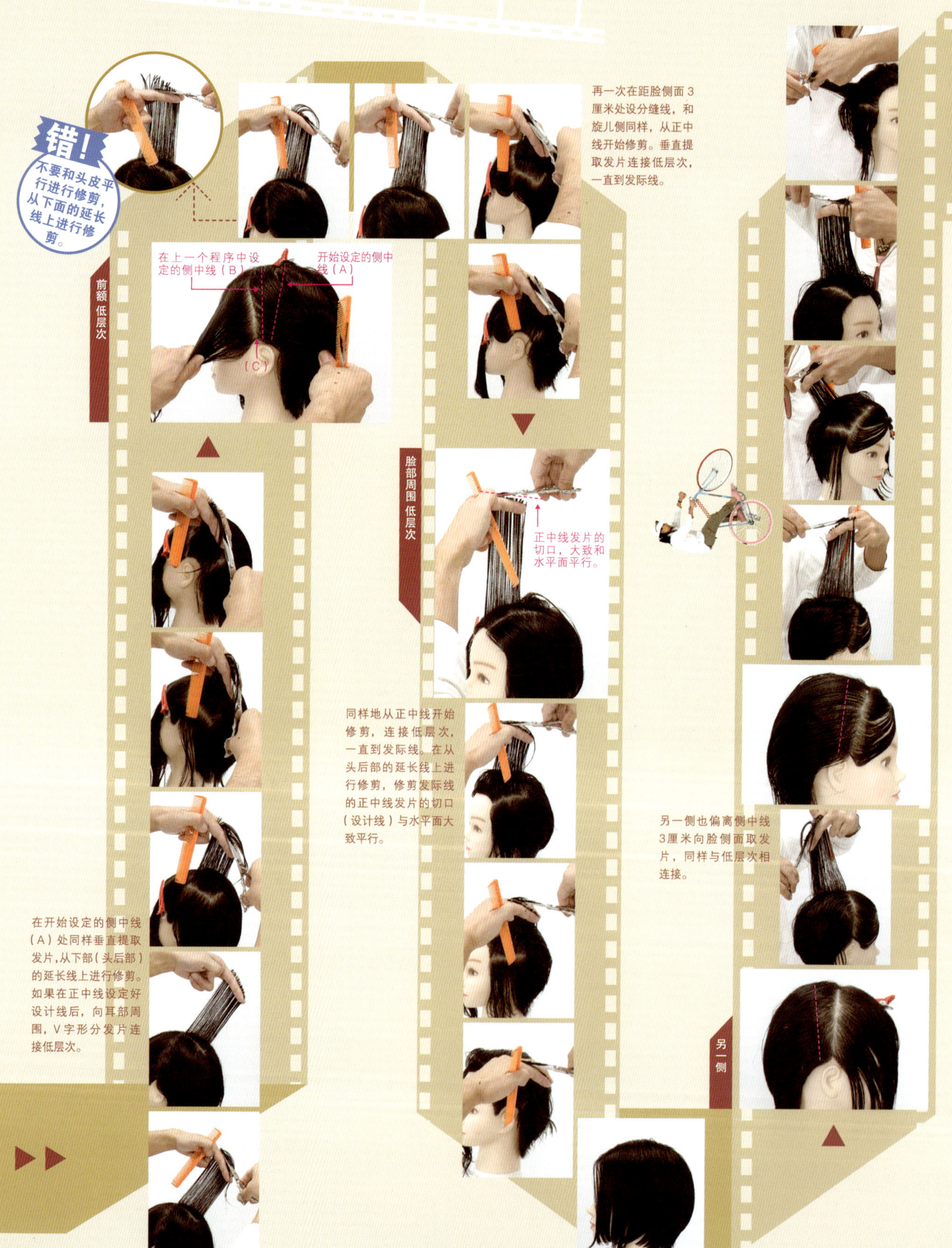

再一次在距脸侧面3厘米处设分缝线，和旋儿侧同样，从正中线开始修剪。垂直提取发片连接低层次，一直到发际线。

在开始设定的侧中线（A）处同样垂直提取发片，从下部（头后部）的延长线上进行修剪。如果在正中线设定好设计线后，向耳部周围，V字形分发片连接低层次。

同样地从正中线开始修剪，连接低层次，一直到发际线。在从头后部的延长线上进行修剪，修剪发际线的正中线发片的切口（设计线）与水平面大致平行。

另一侧也偏离侧中线3厘米向脸侧面取发片，同样与低层次相连接。

左侧加入了低层次完成后的状态。

侧面的轮廓线

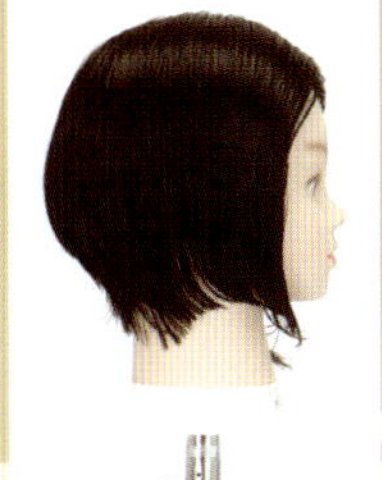

低层次修剪完成后的状态。

调整表面的发流与垂直线成45°，利用梳子设定轮廓线。为了不形成断层，要从颈背分区修剪到脸部周围。

另一侧也同样操作。

湿剪结束。

打薄削剪。

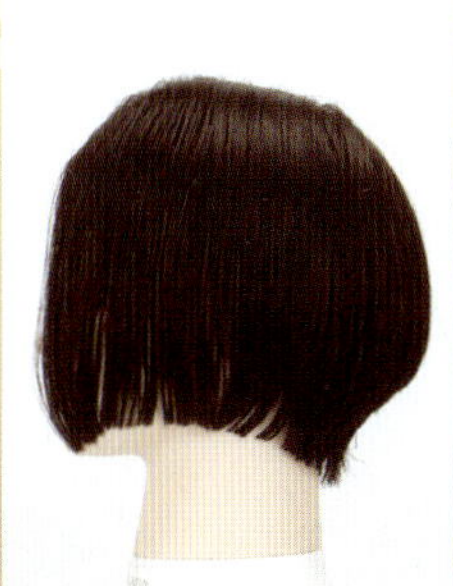

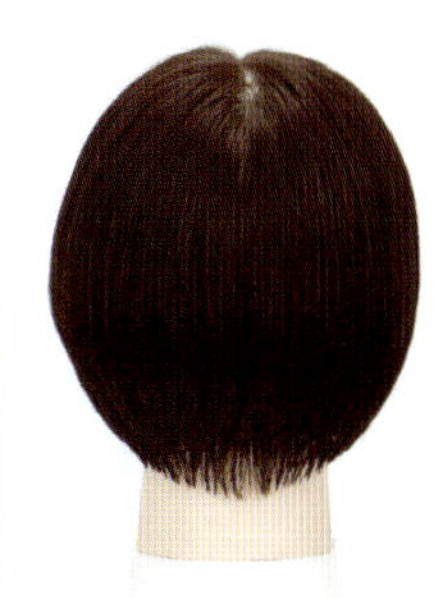

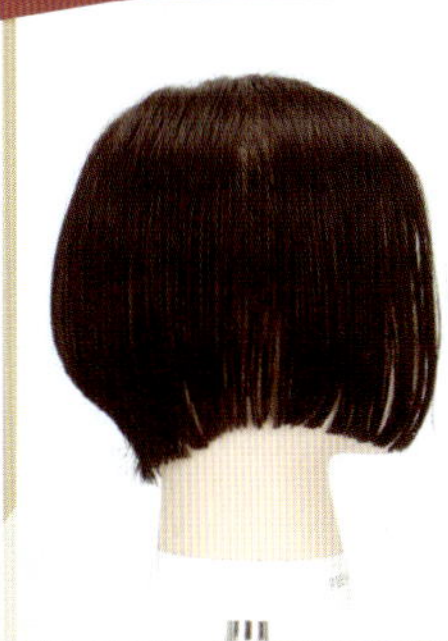

因为长度短，用梳子梳起发束，用打薄剪刀进行打薄削剪。颈背分区周围徒手斜着修剪。

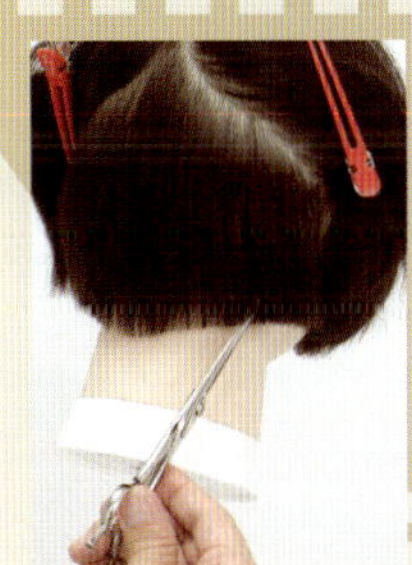

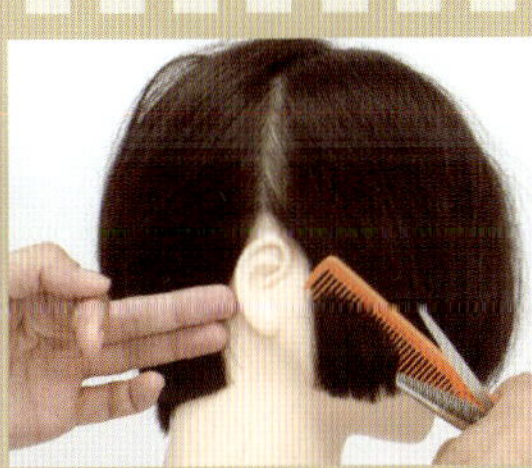

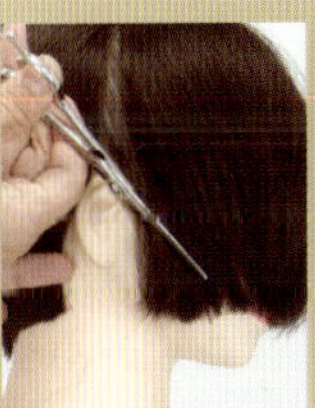

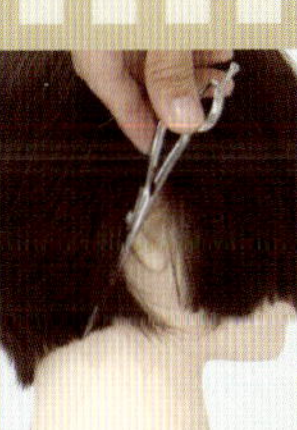

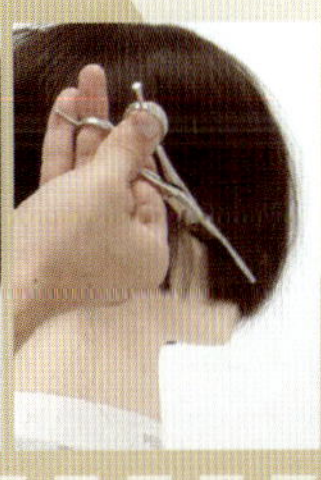

在耳部周围按滑剪的要领加入打薄削剪。把剪刀开口小一点，做开闭动作，调整发流。

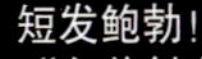

短发鲍勃！
“向前斜上造型基本型+向前斜下低层次造型”完成

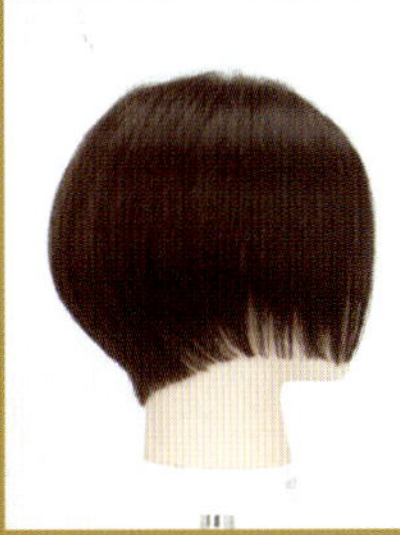

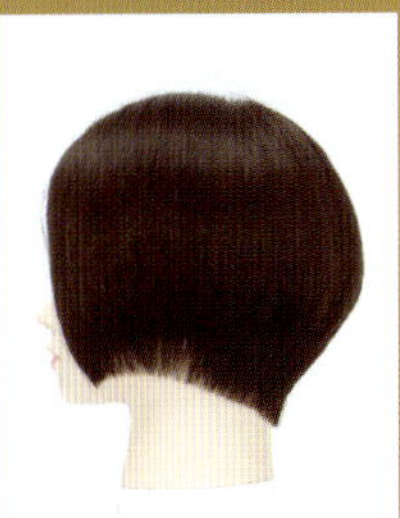

GOAL!!

case...2 短发鲍勃发型

蘑菇式鲍勃基本型 +圆弧状低层次造型

“从蘑菇式鲍勃”的发型制作短发鲍勃

受欢迎的短发鲍勃的第二点是以简单的蘑菇式鲍勃为基础的发型。
全体造型呈圆弧状，与基本型相接近。
但是在造型的细节上增加了立体感。

这个“发型”是基本型！

蘑菇式鲍勃

使用这个技术制作短发鲍勃。

完成目标

头发颜色

若用威娜“14/00+6%”提高全头的明度，那么，全头发片以深度为1厘米左右的间隔进行处理。用欧莱雅“EQVA　8度棕色与10度淡紫色调成2：1+2.7%”挑染。洗发后，取一边1厘米的三角发片，用欧莱雅“MAJIREVE QBAN+2.7%”的染膏进行低明度挑染，用威娜“14/00漂白粉调成10：1+6%”的染膏进行高明度挑染，两者交叉使用。

造型设计

用圆筒卷发器卷发尾，向内卷半圈，然后给全体头发吹风，整理发流，完成后把效果不是很强的发蜡在手掌稀释，在发尾打发蜡，使发尾柔顺，呈现空气感。

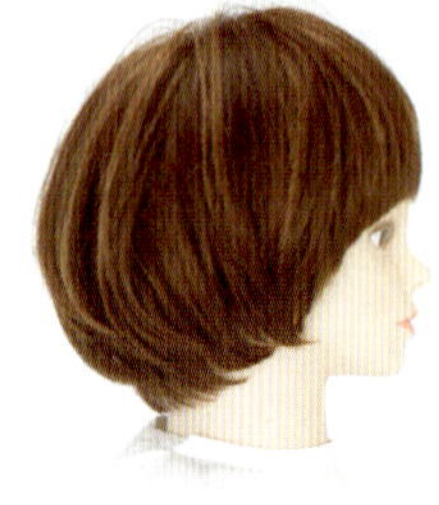

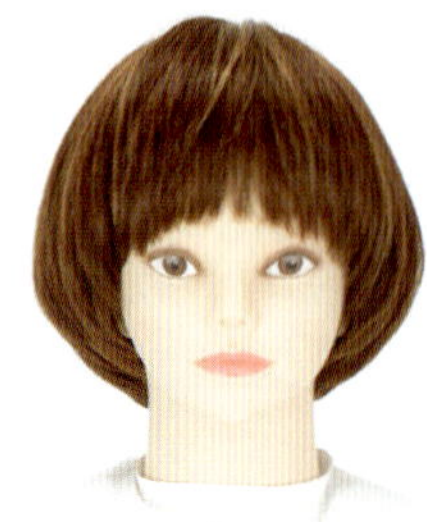

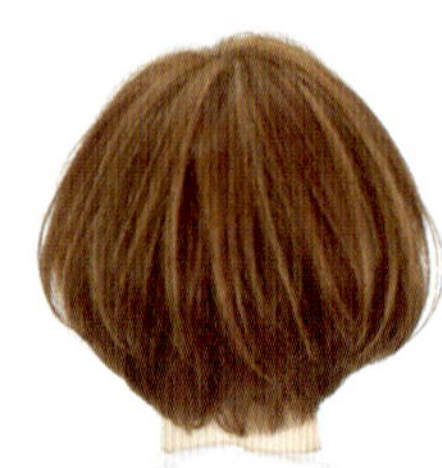

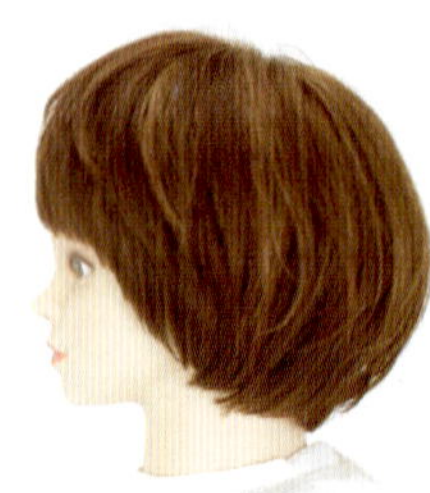

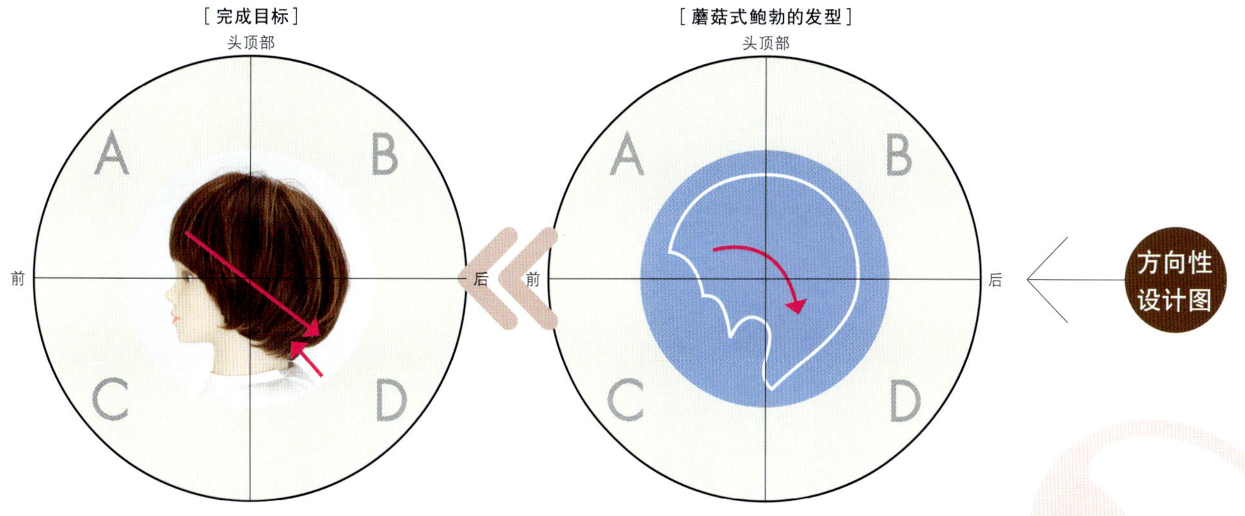

把适合A和C的部分的长度设定得短些，使之可以在D的区域内移动量感重心。

发型设计的方向性和剪发的构成是怎样的?

这个发型也和成为目标发型的“型”的方向性进行比较、检验。开始前，请把量感重心的高度等认真地考虑进“型”的改变上。

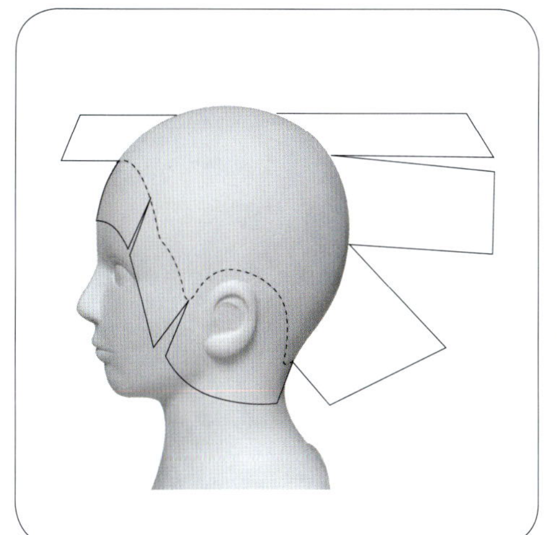

展开图

脸部周围要修剪成圆弧状，侧面连接成向前斜上造型的轮廓线，注意不要留有棱角。做稍低些的低层次修剪，并相互连接，保留重量感。

为了完成目标的发型

1 {第1} 鬓角和颈背分区不要留角。

2 {第2} 圆弧状低层次要根据头部骨骼的圆弧状进行修剪!

3 {第3} 头后部的量感重心注意不要过于上提。

{蘑菇式鲍勃基本型+圆弧状低层次造型}

technique process

这个发型也是以低层次造型为主。可是不仅是发片之间相互"连接",还要注意造型切口的构成。

开始

修剪前

以正中线为界把整体分为左右两部分,从两耳后部通过旋儿前面的侧中线把前后定位之后,开始操作。

在头后部,一直线鲍勃的修剪技术

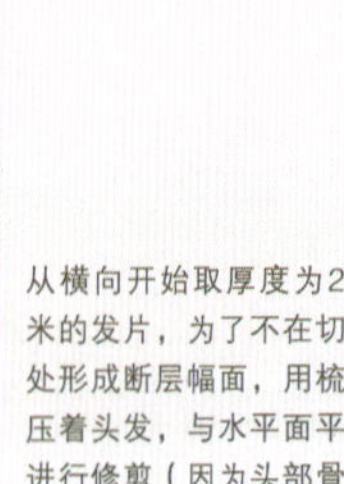

从横向开始取厚度为2厘米的发片,为了不在切口处形成断层幅面,用梳子压着头发,与水平面平行进行修剪(因为头部骨骼向内侧形成圆弧状,所以用手指提取修剪容易形成断层幅面),发的长度定在距颈背分区发际线4厘米处,以第1个发片为设计线,同样修剪到头后部的中心的高度。

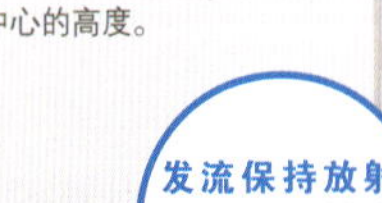

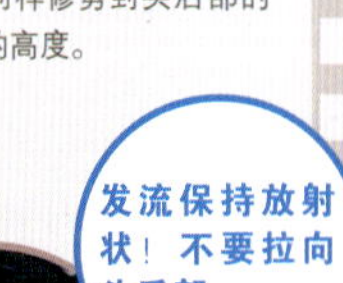

放射状梳理头发进行修剪。

头后部中心点(头后部圆弧形状最突出的部分)开始的上方,不用梳子,用手指夹住发片进行修剪。发片的厚度保留在2厘米,为了不形成断层幅面,与头皮成0°提取发片进行修剪。

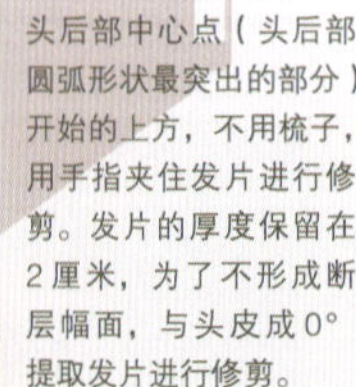

前发

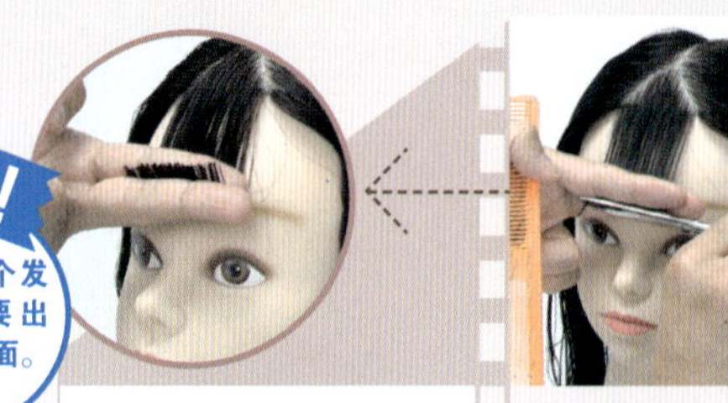

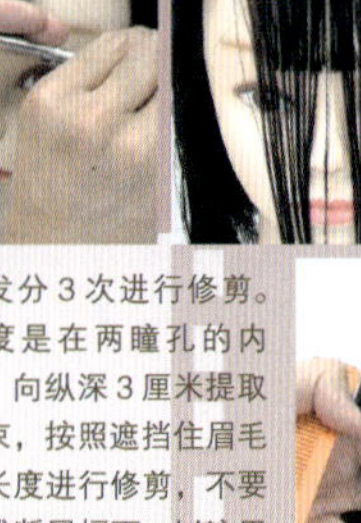

前发分3次进行修剪。宽度是在两瞳孔的内侧,向纵深3厘米提取发束,按照遮挡住眉毛的长度进行修剪,不要形成断层幅面。以这里为设计线,按照距两瞳孔外侧纵深1厘米多的宽度来修剪。把发片提升2指位进行修剪,并且,前发宽度定在两眼角,纵深到头顶部中心点,提升3指位进行修剪,加入低层次。

根据头部骨骼自然形成的圆弧状,修剪的轮廓线也呈圆弧状造型。

脸部周围~侧面的低层次

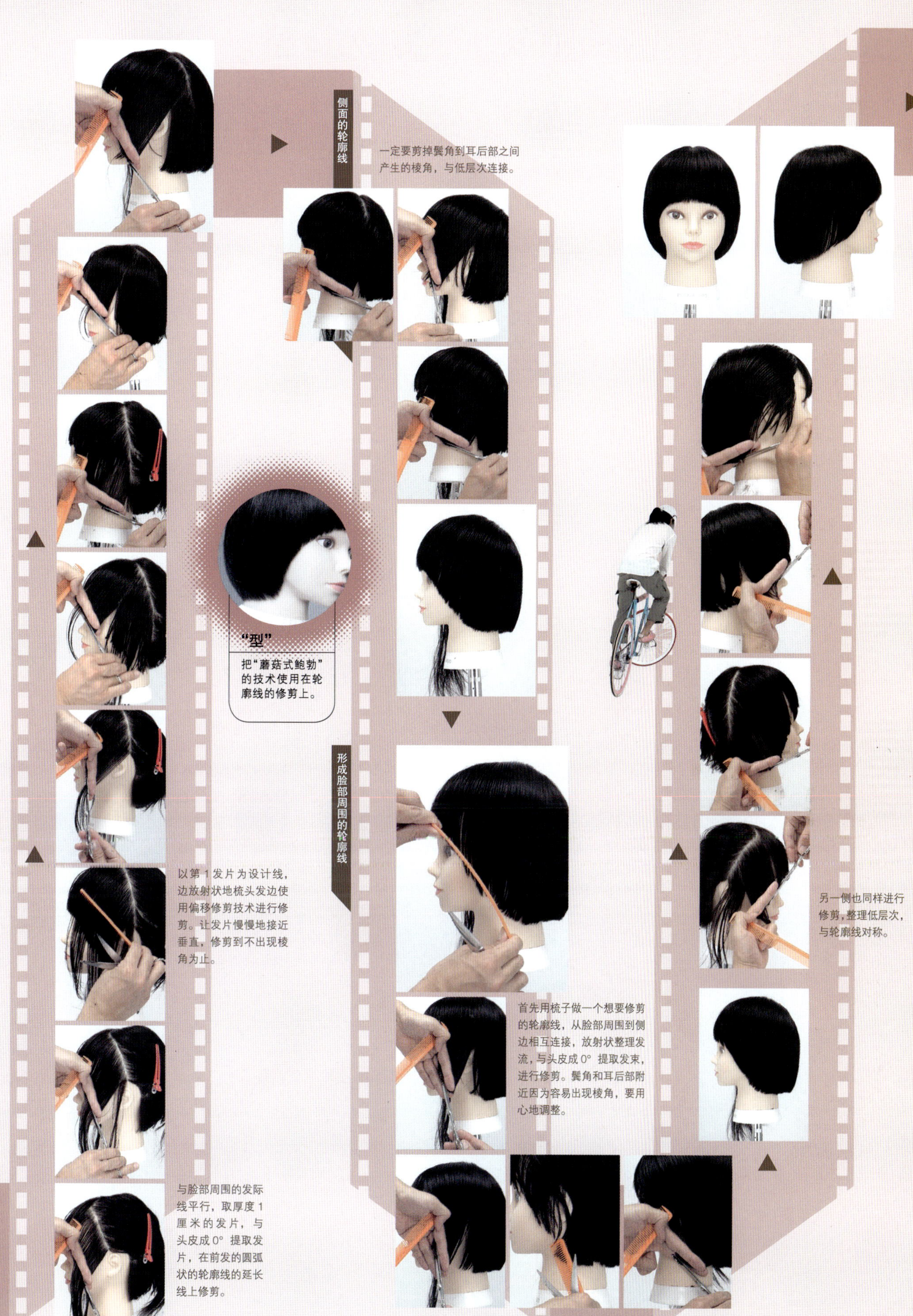
侧面的轮廓线
一定要剪掉鬓角到耳后部之间产生的棱角，与低层次连接。
"型"
把"蘑菇式鲍勃"的技术使用在轮廓线的修剪上。
形成脸部周围的轮廓线
以第1发片为设计线，边放射状地梳头发边使用偏移修剪技术进行修剪。让发片慢慢地接近垂直，修剪到不出现棱角为止。
首先用梳子做一个想要修剪的轮廓线，从脸部周围到侧边相互连接，放射状整理发流，与头皮成0° 提取发束，进行修剪。鬓角和耳后部附近因为容易出现棱角，要用心地调整。
另一侧也同样进行修剪，整理低层次，与轮廓线对称。
与脸部周围的发际线平行，取厚度1厘米的发片，与头皮成0° 提取发片，在前发的圆弧状的轮廓线的延长线上修剪。

{向前斜上基本型+向前斜下低层次造型}

technique process

前额的低层次

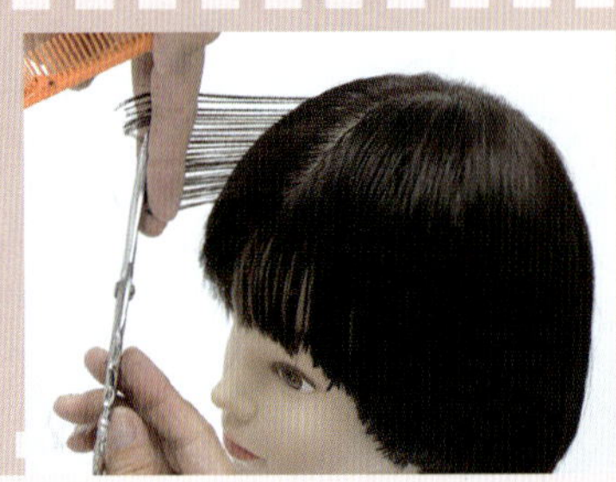

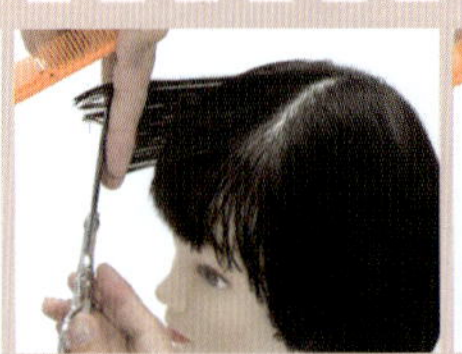

在前发的中心点纵向取发片，与水平面平行取发片，再以刚才修剪过的长度为起点，留1厘米的发际线的厚度，垂直进行修剪。以这里为设计线，到侧中线放射状地取发片，在中心点的位置进行偏移修剪。

"型"

在前发～前额使用"蘑菇式鲍勃"造型的技术。

调整性修剪

垂直提取旋儿周围的头发，消去出现的棱角。

湿剪结束啦！

打薄削剪

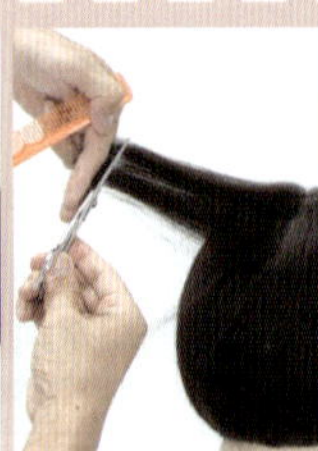

用与湿剪时相同的取发片的方法，在全头使用打薄削剪技术调整发量。

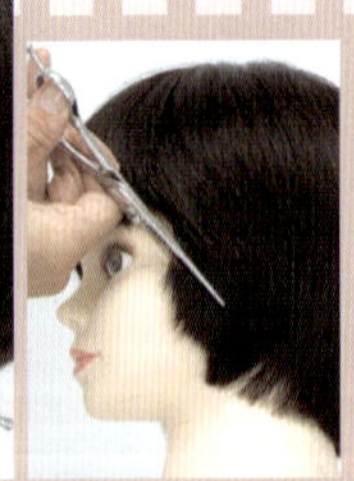

脸部周围放射状地梳理头发，按滑剪的要领进行打薄削剪。

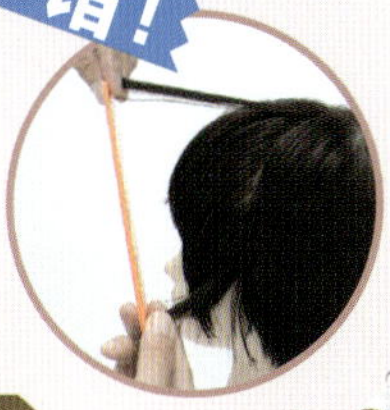

错!

不要连接成一条直线

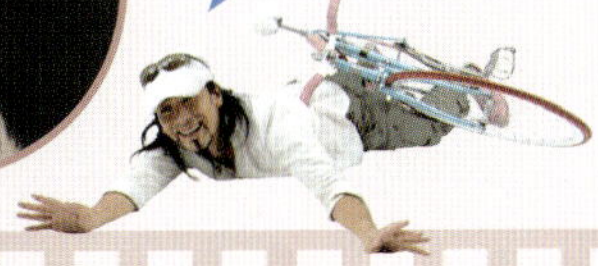

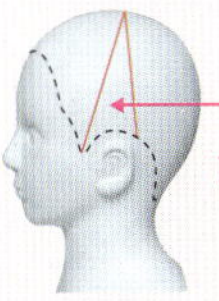

剪这个部分

侧面～头后部的圆弧状低层次造型

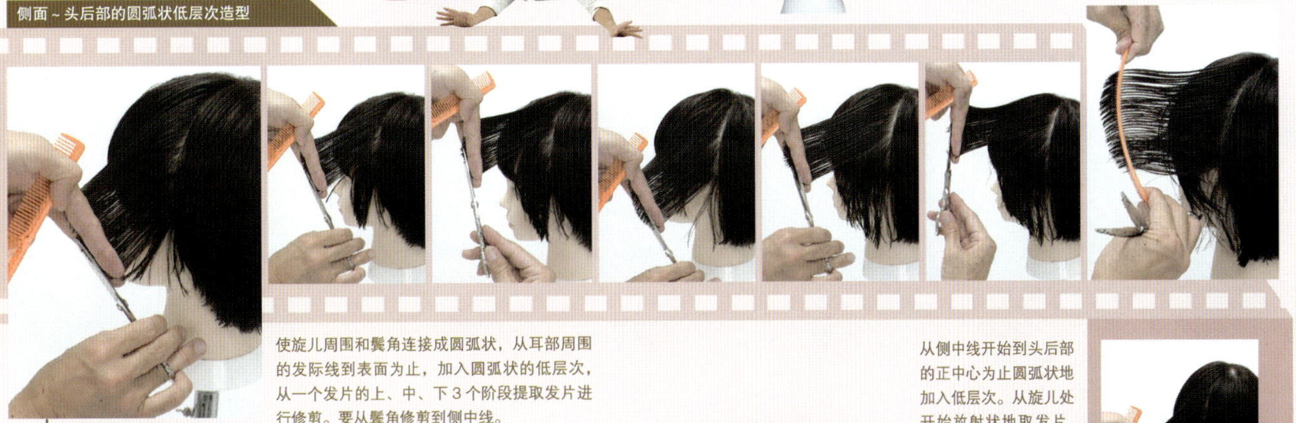

使旋儿周围和鬓角连接成圆弧状，从耳部周围的发际线到表面为止，加入圆弧状的低层次，从一个发片的上、中、下3个阶段提取发片进行修剪。要从鬓角修剪到侧中线。

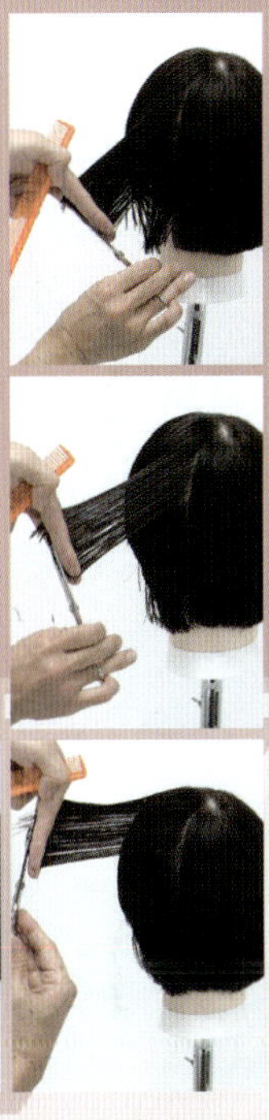

从侧中线开始到头后部的正中心为止圆弧状地加入低层次。从旋儿处开始放射状地取发片，不能垂直提拉发片。在前一个修剪的发片的基础位置上提拉发片，进行修剪。

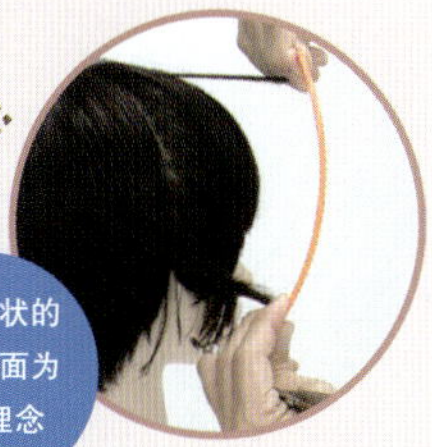

要点

以圆弧状的断层幅面为设计理念

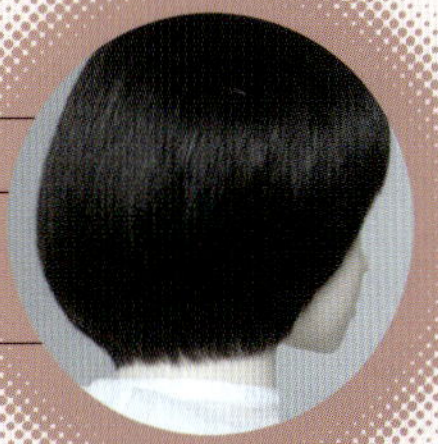

“型”

在侧面～头后部使用“蘑菇式鲍勃”造型的技术。

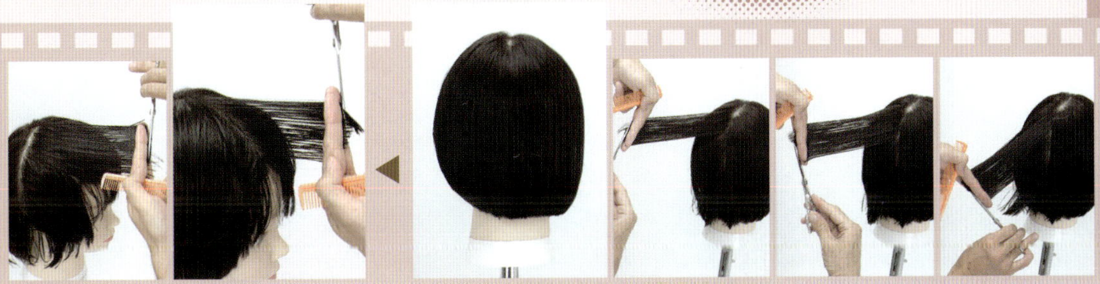

右侧也同样加入低层次。

左侧的低层次修剪结束。

短发鲍勃2

GOAL “蘑菇式鲍勃基本型+圆弧状低层次造型” 完成！

GOAL!!

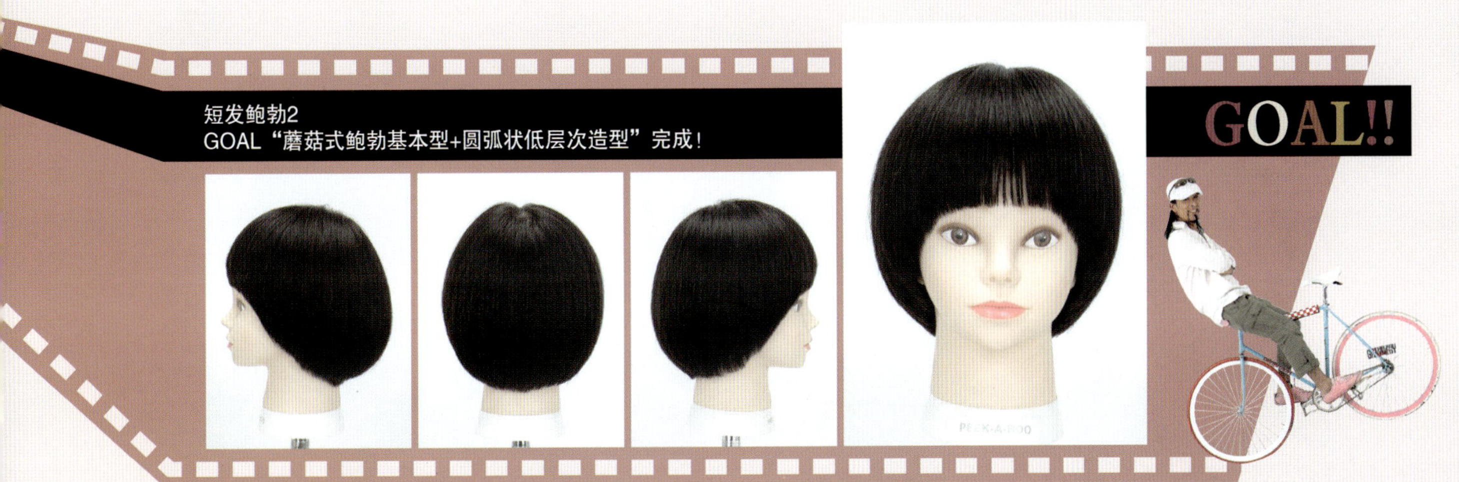

这一讲的问题

Q1

来自福井先生的问题

第一，在 case1 的发型中，修剪头后部的低层次时，提取发片的角度是怎样的？（三选一问题）

[填写答案栏]

A. 集中在中心点
B. 板状拉出发片
C. 垂直提取发片

A

请回答福井先生这三个问题！

Q2

来自福井先生的问题

第二，在 case2 的发型中，圆弧状的低层次的切口是怎样的状态？

[填写答案栏]

A

Q3

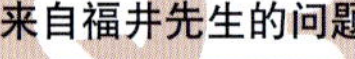

来自福井先生的问题

第三，按右边的方向性设计图来完成的发型是怎样设计的？请在图中标出说明或者用发模实际操作。

[填写答案栏]

1

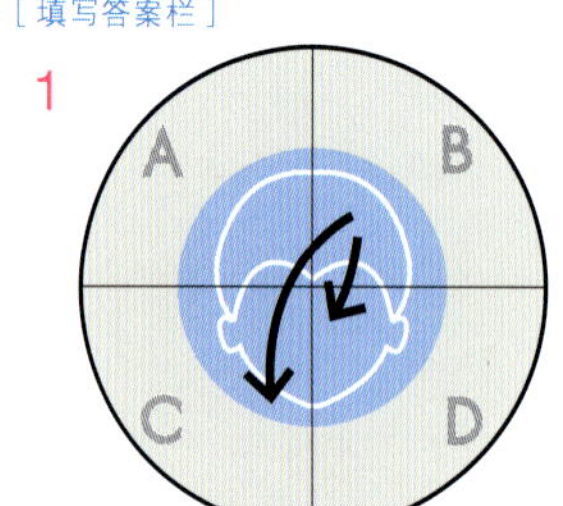

2

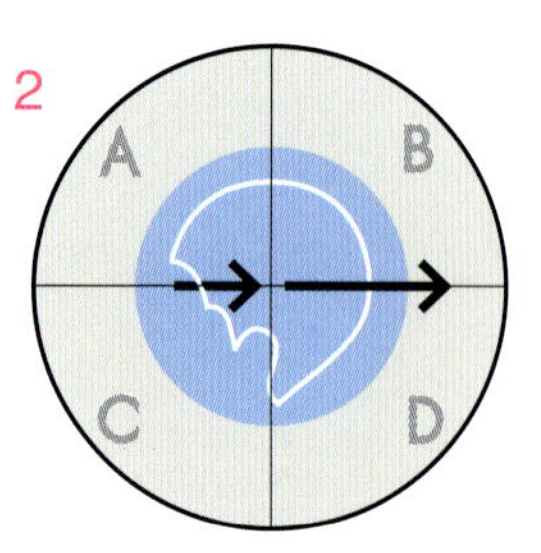

通知：

亲爱的读者朋友，当您拿到这本《丝语》的时候，就说明您已经成为我们《丝语》这个大家庭中的一员了。我们会通过《丝语》向您展示美发大师的风采，并在恰当的时候，将这些大师请到中国来，开展各种美发讲座。因此，请将您的个人信息提供给我们登记备案，以便我们在开展讲座时，及时通知各位。

剪切线

カットの長さを決めるのは感性。切るのは技術。

福井达真亲笔所书送给大家！

译者注：无论何时，基础都是关键！

分区削剪技巧

让客人**满意**的课题

第4讲

高层次的打薄削剪

在发廊里一贯受欢迎的发型之一——高层次发型！有动感、轻盈的发型，一直打动着很多少女的心。不过，作为高层次的基本型来讲，这是最难打薄削剪的发型。但若想成为人气发型师，想避开困难走捷径是不可能的事。那么，就让我们一起来学习高层次的打薄削剪技术吧！

illustration_Mayuko Sase[A.K.A.]

第1讲	必备的基础知识1
第2讲	必备的基础知识2
第3讲	低层次的打薄削剪
本讲 第4讲	高层次的打薄削剪
第5讲	消除客人烦恼法1
第6讲	消除客人烦恼法2

主讲

西田 齐
[Bond 待庵]

Nishida hitoshi [Bond Hair-make up~待庵~]代表。1989年留学英国沙宣美发学院毕业并获得毕业证书。1995年在大阪高槻市开设[Bond Hair-make up]，2002年将美发店迁址至京都府中京区。2008年1月改名为[Bond Hair-make up~待庵~]。在讲座中因将打薄削剪理论讲解得通俗易懂而深受好评。

高层次的打薄削剪

在发廊里，常常会有客人要求修剪高层次发型，这种发型非常受欢迎，但它也被发型师认为是“最难打薄削剪的发型”。在此，我们分析一下“高层次”发型，根据它的特征来考虑打薄削剪的方法。

去除重量的形状

“高层次修剪技术”的本质是“Cut of weight”，也就是说要去除重量。上短下长的头发重叠，设计时要突出“动感”和“轻盈感”。对最初的高层次基本型而言，打薄削剪的技法也可以调整发型的平衡感调节头部的骨骼和发流，消除发质带来的烦恼，用打薄削剪的技法可以调整发型的平衡感。

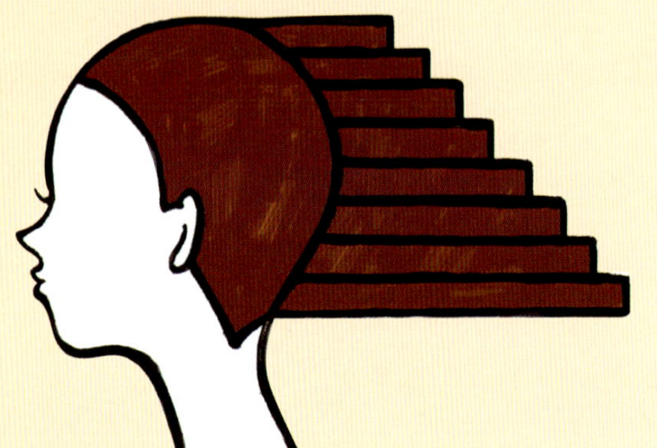

高层次发型的特征

- 上短下长
- 轻盈
- 动感

头盖骨上方的头发很容易产生动感

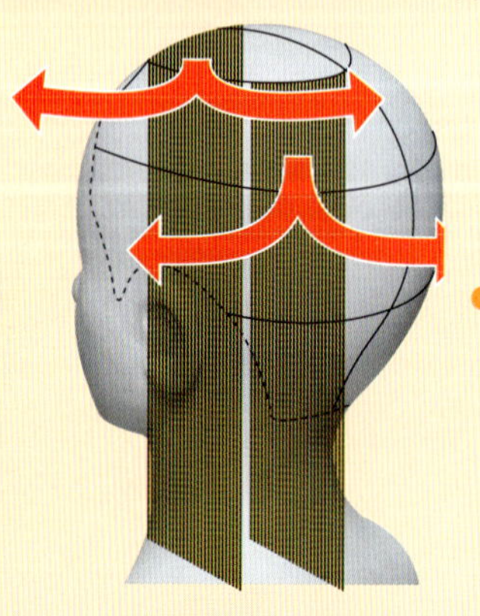

考虑到头部的骨骼的特征和头发的重叠方法，可以说头顶部区域和头盖骨区域的头发是最容易产生动感的部位。

进一步说

高层次发型也很容易产生动感！

由于高层次基本型是上短，因此轻盈，很容易产生动感。特别是头盖骨上方区域头发显得轻盈的部分更容易受到头部的骨骼和发流的影响。发量调整虽然只是调节那些最必要的部位，但也要注意不要打薄削剪得过分而形成发量过薄，发尾向外飞……头盖骨上方区域修剪时要特别注意这一点。

注意不要过分打薄削剪！！

基本型的不同

即使是同样的高层次造型，剪发方法不同时也会形成不同的造型。在这里，我们看一下“方形高层次”和“圆形高层次造型的各自特征”。

圆弧状的高层次造型

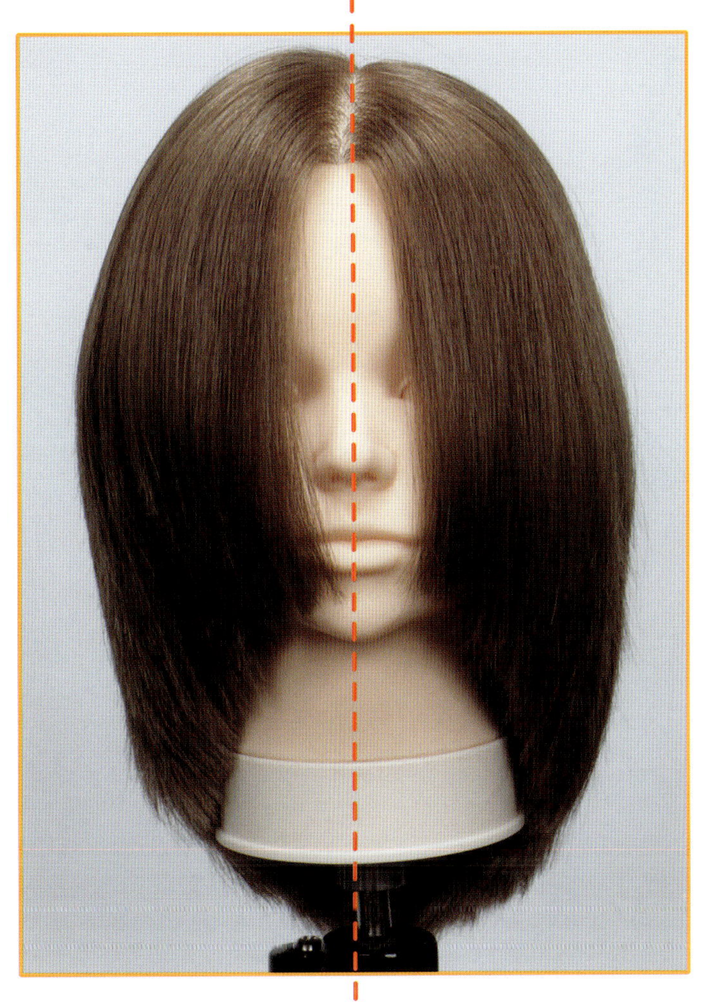

保留重量感的高层次造型

圆形高层次造型

采用偏移修剪技术完成有圆弧状的造型，根据头部骨骼的圆弧状而修剪出的高层次造型。想尽量多地去除量感时，这是非常有效的方法。

方形高层次造型

保留重量感的同时加入高层次技法。从前额到头顶部的所有的发片都与水平面平行提取发片。这样可以在发尾处保留重量感，在头顶部区域去除量感。

如果基本型不同，完成的造型也会随之变化。保留重量感的方形高层次造型，在头顶部区域比圆形高层次造型的量感要少，量感重心位置较低。另外，圆形高层次造型整体呈圆弧状，与方形高层次造型相比，更易给人留下轻盈的印象。想要发型产生重量感时，宜选择方形高层次操作技法；想要打造轻盈感发型时，宜选择圆形高层次操作技法，根据客人的需求，分别修剪不同的基本型是非常重要的。

最容易产生动感的高层次造型

在P104已经介绍了“高层次造型”易形成动感的特征。下面两张照片中的发型都是在同样的基本型前提下吹风造型的。看图中哪个部位的头发有动感，请了解基本高层次造型的发流方向。

发流向前

向前吹高层次基本型

发流向后

向后吹高层次基本型

由此

对高层次基本型而言，如果向后吹发时发流即向后，向前吹发时发流即向前。这时，最容易产生动感的是头顶部区域的头发。如图也可以看出，颈背分区的头发不怎么产生动感。也就是说，头发动感很强的高层次造型，发尾的动感也很活跃。为了使发束向前流动、向后流动，使发尾展现出各种各样的“表情”，发尾的打薄削剪是非常重要的。不仅是发束的内侧，在发尾处也要做细心的打薄削剪。

对高层次的打薄削剪的思考

在高层次基本型进行打薄削剪前，一定要认真考虑的是，哪个部位是重点，哪个部分不需要加入打薄削剪。

Q1 高层次发型中，不能打薄削剪的是哪个部位呢？

打薄削剪高层次发型时，不能打薄削剪的是哪个部位呢？把你认为不能打薄削剪的部位画上标记。另外，考虑一下其理由是什么。

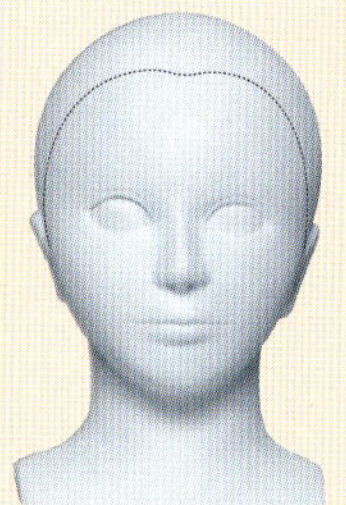
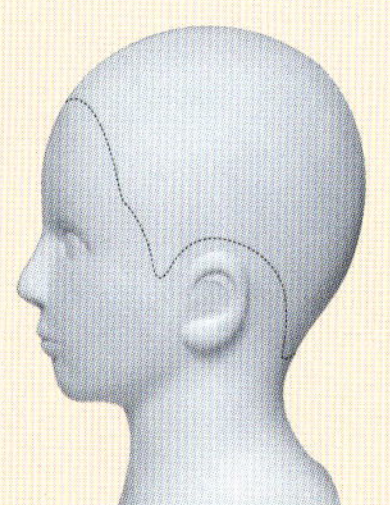
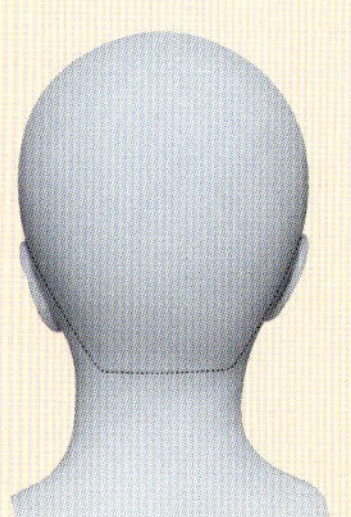

答案见P108

Q2 高层次的打薄削剪，最重要的部分是哪里呢？

打薄削剪高层次发型时，关键的部位是哪里呢？结合“高层次造型”的特征，在你认为最难打薄削剪的地方，特别注意要在打薄削剪的部位画上标记。

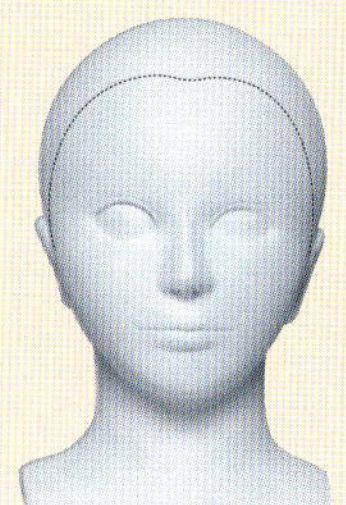
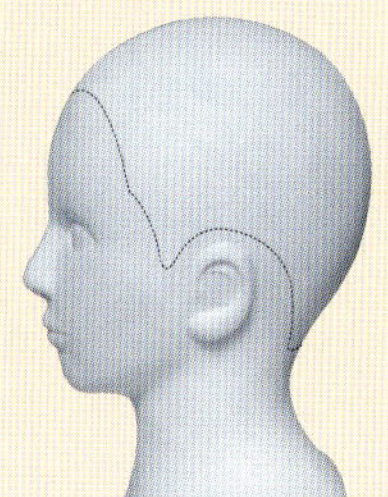
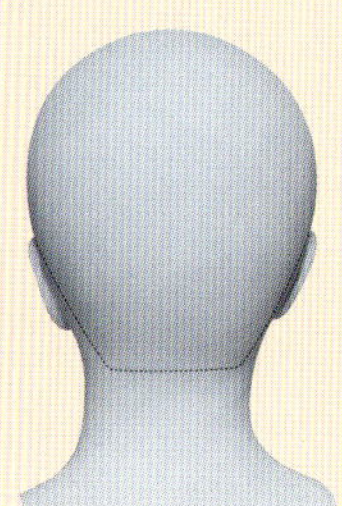

答案见P109

A1 刘海儿侧分线、头旋儿周围、发际线不能打薄削剪

P107
Q1的答案

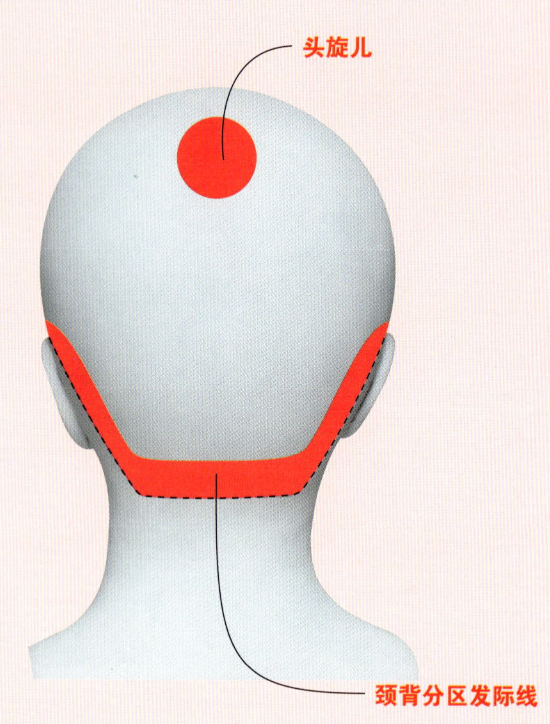

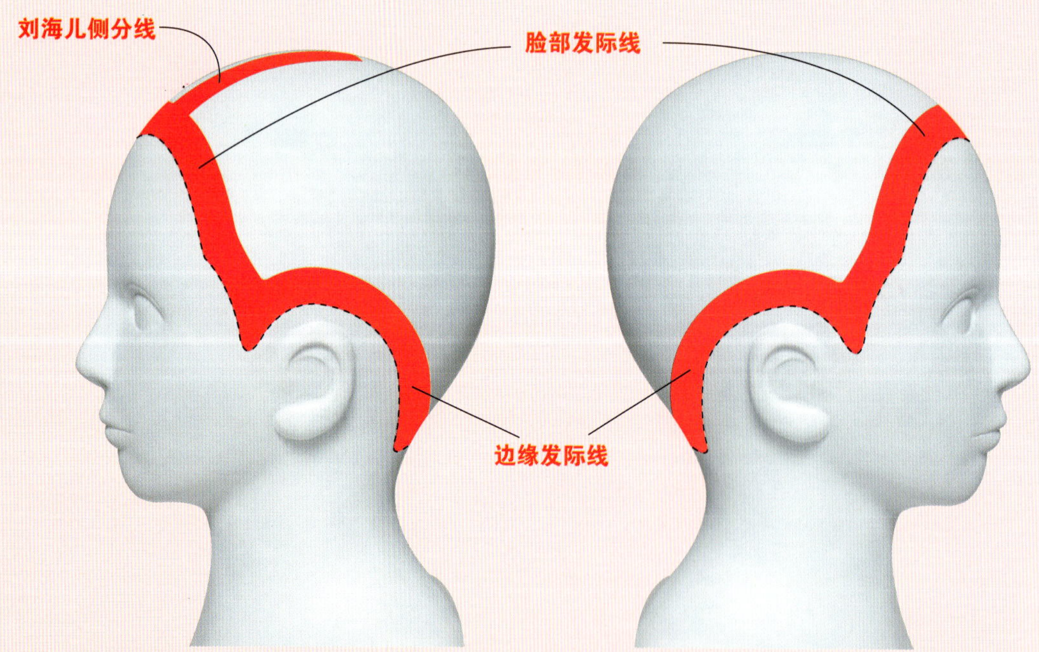

打薄削剪高层次基本型的发型时，不能打薄削剪脸部发际线和头旋儿周围以及刘海儿侧分线和边缘发际线等的发际线的部位。脸部发际线和刘海儿侧分线，以及头旋儿周围都是构成发型表面的部位。无论用多细小的幅度打薄削剪，都会形成飞发。在长发发型的情况下人们有时可能把头发盘起来，那时，如果把颈背分区和边缘轮廓线上的头发进行打薄削剪的话，会使发长因过短而难以打理。因此，不能在脸部发际线、头旋儿、颈背分区发际线等部分做打薄削剪。

A2 高层次发型打薄削剪时，最为关键的部分是头盖骨上方的区域

P107
Q2的答案

左侧图片是高层次发型。在没有打薄削剪前，把头部各区域标注不同的颜色以便区分。

青色：前发刘海儿 **红色**：头顶部和头盖骨上方 **黑色**：头盖骨下方 **绿色**：颈背分区

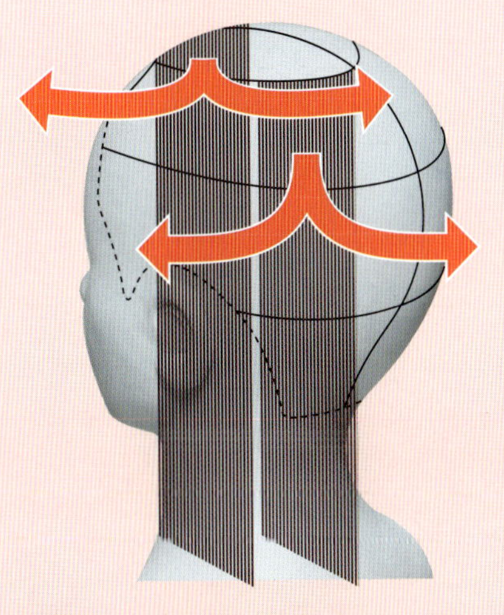
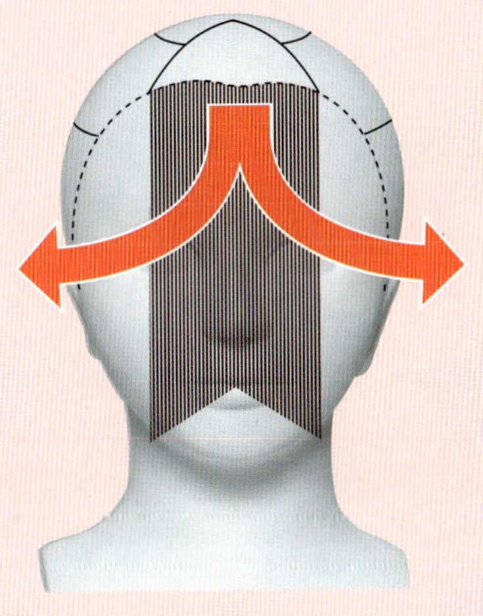

易产生动感、轻盈的部分

从头部骨骼的特征和头发的重叠方面考虑，头发动感最活跃的就是头顶部~头盖骨上方~刘海儿等区域。并且，如果讲到“高层次造型”的特点的话，由于是上短下长，因此是容易形成“动感”和“轻盈感”的。也就是说，头顶部容易分散的头发动感更强，再加上轻盈感，使头发受骨骼和发流的影响更为强烈。

精细地打薄削剪头盖骨上方区域

调整造型和质感时，为了消除客人对头部的骨骼和量感的顾虑，关键是要精细地打薄削剪头盖骨上方区域。这时必须要注意的是不能打薄削剪得过量。这个区域是构成发型表面的部位，所以要避免产生飞发，要精细地去操作。

把假发模头倒转过来可以看出，头盖骨下方区域和颈背分区的头发面积很小，在外表看不到。

了解高层次的打薄削剪

了解一下能有效地调整高层次发型的打薄削剪方法。

CASE 1

头盖骨上方 低层次的打薄削剪

\+

头盖骨下方 低层次的打薄削剪

头盖骨上方 做低层次的打薄削剪

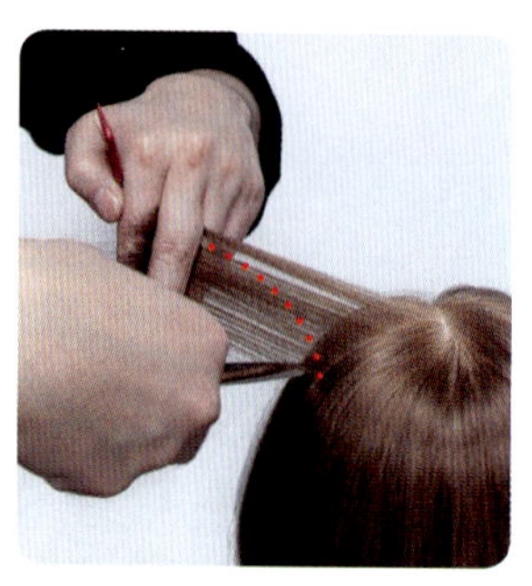

头盖骨上方，打薄削剪发尾后，在同一束发片上加入低层次的打薄削剪技法。因为这是内层部分，无须提高发根的角度，在接近头皮的地方开始做细小幅度的打薄削剪。

因为在基本型头盖骨上方、头盖骨下方两分区都做低层次的打薄削剪，呈现了圆弧状。此项适合年龄稍大或发质细软的客人。

注意！膨胀问题

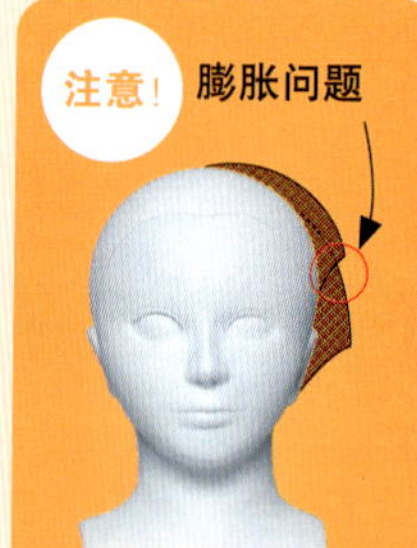

如果头盖骨上方和下方两区都做低层次打薄削剪的话，在内侧会形成如图所示的状态（圆形部分）。在上短下长的高层次基本型的情况下，头盖骨上方和下方分区重叠堆积的部分易出现膨胀的问题，此时要注意打薄削剪不能过度。

头盖骨下方 做低层次的打薄削剪

头盖骨下方分区也同样首先打薄削剪发尾后从发根开始进行低层次的打薄削剪，这里也是发型的内侧，没有必要提高发根的角度，切口要自然柔和，打薄削剪的幅度要细小。

- 呈现圆弧状、量感
- 适合年长或发质细软的客人

打薄发尾时也……

CASE 1～CASE 4，都是在打薄削剪所有发尾的同时，调整整体的平衡感连同发尾的表情。

这里的发片是……

在这里，在从耳上部开始到脸部发际线为止的头盖骨上方和头盖骨下方，纵向取发片，加入打薄削剪技法。

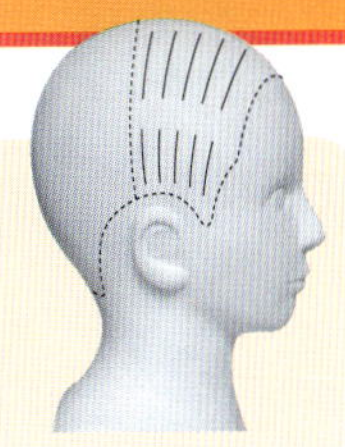

CASE2

头盖骨上方 低层次的打薄削剪

＋

头盖骨下方 高层次的打薄削剪

头盖骨上方 做低层次打薄削剪

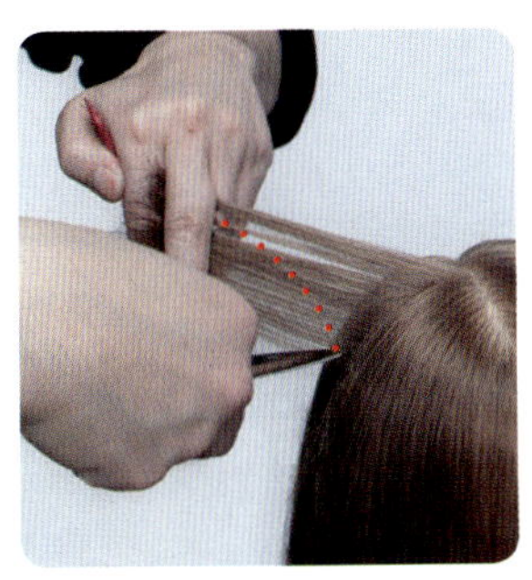

头盖骨上方区域和CASE 1同样，打薄削剪发尾后，在同一个发片上进行低层次打薄削剪。无须提高发片的角度做细小幅度的打薄削剪。

如果在头盖骨上方使用低层次的打薄削剪，在下方使用高层次的打薄削剪技法的话，头盖骨上方可保留圆弧状，并且，外轮廓线产生的内收感可以使你脸盘儿变小而呈现可爱的面孔。在左侧的图片上也可以看出“完成后”的比“基本型”的轮廓小了一圈。另外，因为，量感的重心位置略高，产生了内收感的印象。

头盖骨下方 做高层次的打薄削剪

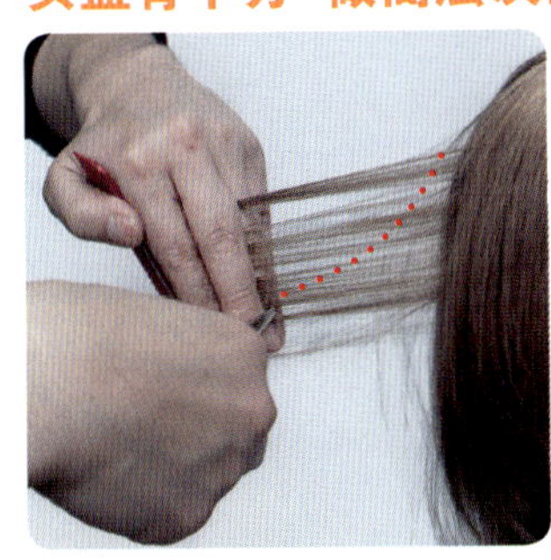

在头盖骨下方区域，首先打薄削剪发尾后开始做高层次的打薄削剪。这里是要去除发量的部位，所以在发根处开始打薄削剪。但是要小幅度削剪，形成柔和的切口。

- 小脸的轮廓造型
- 呈现内收感的印象

头盖骨上方　高层次的打薄削剪

＋

头盖骨下方　高层次的打薄削剪

头盖骨上方 做高层次的打薄削剪

在头盖骨上方，首先打薄削剪发尾来调整质感。然后，在同一束发片上做高层次的打薄削剪。这时要防止飞发，入剪时，在发根处留2～3厘米。取发片的幅度要细小，形成自然柔和的切口。

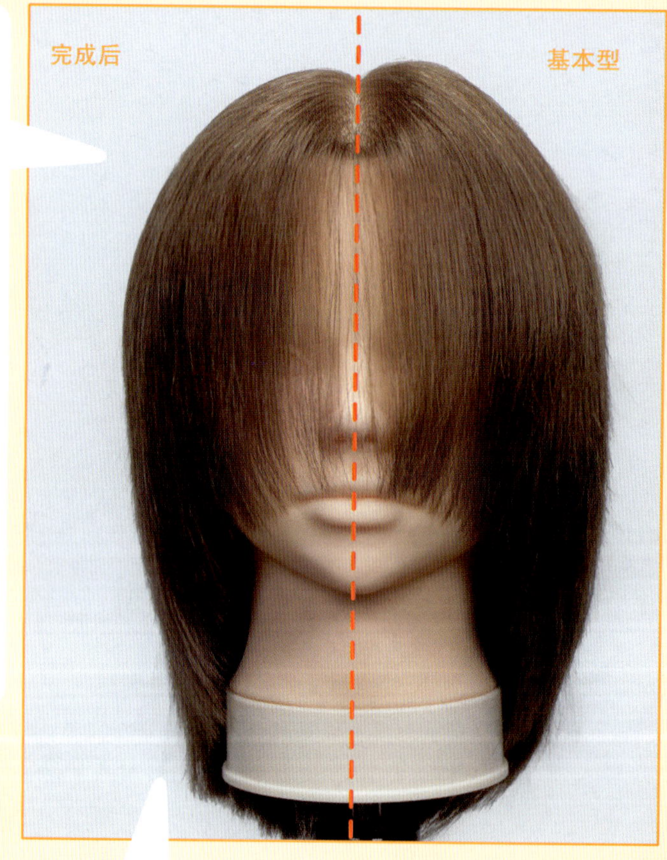

高层次的打薄削剪是指为去除发量而使用的技巧。若头盖骨上方和下方都使用高层次的打薄削剪的操作，可在整体上去除量感，呈现小脸的轮廓造型。此项最适合发量多、发质硬的客人，也可用于拉直烫发前的修剪。

头盖骨下方 做高层次的打薄削剪

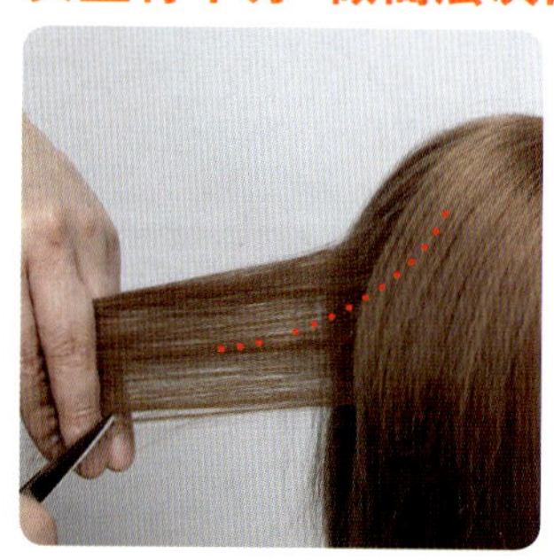

头盖骨下方也同样，打薄削剪发尾后在同一束发片上加入高层次的打薄削剪技法。因为这里是内侧，所以没必要提高发根的角度。取发片的幅度要细小。

- 小脸的轮廓造型
- 适合发量多、发质硬的客人。

CASE4

头盖骨上方　高层次的打薄削剪

＋

头盖骨下方　低层次的打薄削剪

头盖骨上方
高层次的打薄削剪

打薄削剪发尾后，发根处留出2～3厘米加入高层次的打薄削剪。小幅度的打薄削剪会使切口更自然柔和。

若在头盖骨上方做高层次的打薄削剪，头盖骨下方做低层次的打薄削剪，在头盖骨上方形成平坦的表面的同时，耳周围也会打造出量感。

头盖骨下方　做低层次的打薄削剪

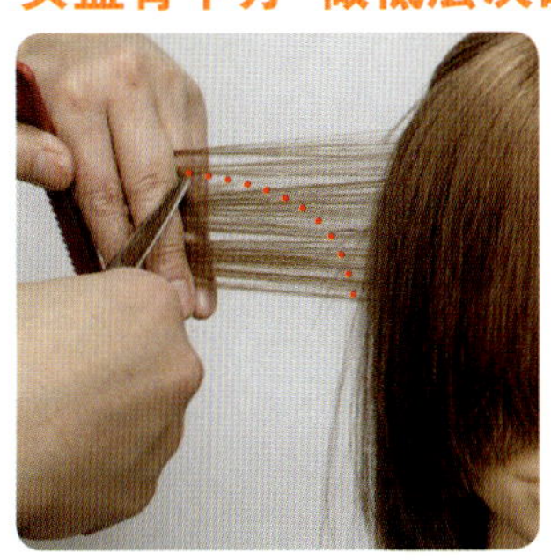

头盖骨下方的发片在打薄削剪发尾后再做低层次的打薄削剪。从发根附近开始小幅度进行打薄削剪。

- **保留量感同时，去除发量**
- **在耳周围，想呈现圆弧状造型时。**

学习了这一讲，请回答以下问题！

问题

Q **西田先生的问题：**

如果剪发时从A、B、C各处提取发片进行剪发时，头发自然垂落后会呈现怎样的状态？请边考虑头部骨骼的形状边在下面空白处画出头发自然垂落方向／外形轮廓。

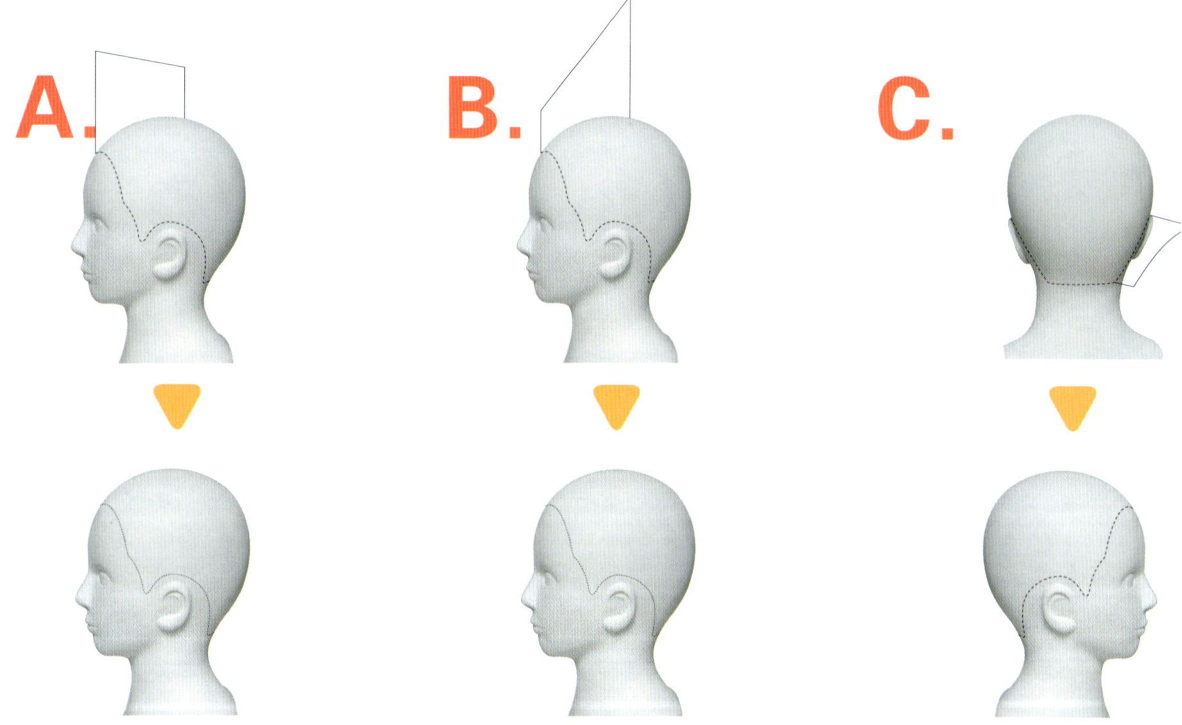

读者登记信息：

姓名：________ 性别：________ 出生日期：________ 年 ____ 月 ____ 日

工作岗位： □老板 □店长 □技术总监 □发型师 □发型助理

地址：________ 邮编：________

电话：________ QQ：________ MSN：________

注：将上述信息反馈给出版社，即可成为“丝语俱乐部”会员，参加活动可享受8折优惠，邮购本社美发管理及技术类图书可免邮费。

Dramatical Time and Space

就是喜欢执着
民子的小屋

不同的人执着于不同的事物，不同的方式，理由也不同。
但是对于美发的热爱却都是共通的。

这次的嘉宾是盒式※·鲍勃发型的创始人“PEEK-A-BOO”的川岛文夫先生。
请在这个特别的夜晚和民子一起为“美发界之豹”所倾倒吧！

对话嘉宾
川岛文夫［PEEK-A-BOO］

※译者注：盒式鲍勃发型是指在修剪时，如果剪四角形的发型，四个角要呈直线修剪；如果剪八角形的，那么也是类似于按直线进行修剪；如果剪十六角形的，那么整体的形状就接近圆形。应用这个理论修剪头发，就是盒式剪发。

拼命努力的人有着热爱美发的力量

川岛：听你说过你已经40岁了？

民子：哎！是啊，我已经40岁了啊。

川岛：和40岁的女性进行这样的谈话，我可是第一次！不过我感觉挺好的，我们就叫“川岛文夫和40岁的对话吧！”

民子：哈哈哈哈……那就请你多多关照了！

川岛：我认为40岁也是赞美性的词语，女性40岁时正是干劲十足的时候，看见民子就更是这样认为了。

民子:好高兴！但是我感觉你一直都干劲十足，真是太厉害啦！您有什么秘诀吗？

川岛：这应该是发自内心的热爱。民子不也是这样吗？我想本质上大家都是很积极的啊！

民子：先生是从维达·沙宣时代开始的吧？

川岛：那是我最青春激昂的时期！我20岁的时候看不见其他事情，也觉得没有必要看。每一分热情都投入到剪发中去，我每天就是剪剪剪，自然而然地，剪发也就成为了我生活中的一部分。

民子：虽然不及老师您，但是我在20岁以后那10年也是只顾着学习的。20岁左右的年纪就应该是学习的时期吧！

川岛：那时候我感觉拼命努力的人有着热爱美发的力量。民子也是吧？

民子：是啊，我很热爱美发。

川岛：真的，真正的事物只能在努力中产生，我一直这样相信着，努力着，这是非常重要的。20岁、30岁、40岁要做的事情是不同的。不管是以10年为一个单位，还是以5年为一个单位，努力超越定好的每一个目标，这是拥有创造力的捷径。

民子：如果说20岁是女人努力学习的时期，那么30岁要做什么呢？

川岛：应该是把学习的东西表现出来，磨炼自己的管理能力。受到客人爱戴是成功的必要条件，但是技术差不也是很令人苦恼吗？

民子：明白了，就是演绎自己是很重要的。那么，40岁又意味着什么呢？

川岛：那时就是表现自我了。就像民子一样。

民子：唉？我吗？嗯，确实是想表现了，进入40岁以后觉得把自己展示给大家也不错。

川岛：是吧！因为20多岁时还是很迷茫的什么都做不到，不愧是40岁的女人啊！

民子：那50岁呢？

川岛：50岁以后就会是“为了大家”，很自然地就会这么想。

民子：老师也会这样想吗？

川岛：嗯，我去年已经60岁了，那时就那么想了。想把自己走过的路告诉给大家。因此，到了200岁也停不下来啊！

客人被老师说服了！

民子：老师您一直想工作？

川岛：一直想工作。美发教育就好像老师和年轻人的投球游戏。老师是接球的，如果没有老师，那不是很难再继续了吗？

民子：是啊！是啊！发型师不能放弃剪刀啊！我想在身体允许的情况下一直工作。

川岛:工作是我的“维生素”。像一位有名的爵士乐手说过的那样，到死都要做自己喜欢的事，对于我来说，发廊工作就是一种无法停止的工作。就是喜欢工作啊！

民子：老师认为在发廊工作最重要的是什么？

川岛：是让客人高兴。

民子：客人高兴？

川岛：因为头发就像是女性最后脱掉的一件礼服。如果不让客人高兴的话，客人是不会把自己的最后一件衣服脱掉的，也就是不会让发型师修剪她的头发。

民子：老师有说服过客人吗？

川岛：没有，没有。没有什么说服。恭维话也不行（笑）。关键都是真心的话一下子就说出来的，比如说，太帅了！

民子：我也喜欢称赞我的作品，那时我会很有成就感。

因为我一个月一变，所以每月来一次吧！

川岛：那很好，自己的作品连自己都感动不了怎么行？我也总是说，今天的作品做得很好。

民子：每一次都说吗？

川岛：对，因此就会慢慢地变好了（没有止境）。

民子：客人都很吃惊吧！

川岛：今天比昨天，明天比今天更新鲜。必须要以这个为目标。“As beautiful today，as new as tomorrow.”我也会慢慢变得更新。

民子：现在也这样吗？

川岛：我的价值观一个月就会发生变化，每次我会对客人说，请一个月后再来。不是在头发长长的时候，而是我在变化的时候。

民子：您是怎么保持拥有这种新的感性的？

川岛：发型师一整天都在发廊中，长此以往你的世界不就变小了吗？但是，我觉得和客人接触、交流，切磋美发以外的兴趣爱好也是很好的。

民子：我也认为把自己置身于不同的地方很重要。比如说旅行之类的。

川岛：嗯，对于创作者来说，把自己置身于不同的地方对创作是有必要的。如果不扩展自己的想象力，不正视自己，什么也不做，则是没有意义的。

大川民子
出生于东京。是在市内有6家店铺的“masago”的代表，同时兼广告创作组组长。拥有熟练的技术和充满品位的气质，除了发廊工作，也活跃在杂志、表演和创作活动中。涉足的行业广，培养的人脉也是在美发界首屈一指。活泼而细腻的性格也被大家所喜爱，能成为这样的发型师，在美发界真的是凤毛麟角啊！本次访谈也是我们期待的一场独特而大胆的时尚秀。

川岛文夫
出生于东京。1971年参加伦敦·Vidal Sassoon，作为艺术理事参加了各国的美发展览。1974年发表了“盒式鲍勃发型”，风靡一时。1977年在东京·原宿开设了“PEEK-A-BOO川岛文夫美发工作室”，现在在原宿表参道开设了5家店，银座1家店。2009年2月在青山也开了店。这家店由川岛文夫亲自经营，继续展现着他生机勃勃的一面。

大川缺少的东西是“毒性”

民子：老师您觉得要如何发现自己的个性和自我呢？现在的年轻人不希望在这个问题上迷失方向啊！

川岛：真正的个性是从内心表现出来的，是需要花大量时间培养的。对吧，民子？

民子：是的，我现在确实找到我的那种感觉了。

川岛：大家都在期待，我让我那里的年轻人应该从自我主张开始建立个性。这就是我的流派。

民子：我认为最后的结果还没有出现的时候就应该坚持自我主张，不是吗？

川岛：正是因为这样，才会自热而然地产生责任感，这也就离结果很近了。实际上，坚持自我主张就是有个性，我认为有个性就是有责任感的一个证明。

民子：但是，坚持自己的风格是需要很大勇气的。

川岛：确实非常难，但是如果坚持下来的话就是非常了不起的。比如说作品，很多人认为川岛文夫只能做这个。

民子：啊，因为没有见过老师的其他方面啊！

川岛：其实我真的可以做很多事情，只是一直以来都从事自己想做的事。这是我的个性，也是我的责任。因此，我一直接受着，包括其他人的想法。

民子：啊！我明白了，我现在的风格应该是以剪发技巧为前提的，剪发技巧是剪发风格的基础，但却没有那么做。

川岛：也就是说，无论什么样的表现方法、技术，什么样的生活方式，都可以。执着于任何方面都没问题，只要是作为发型师最基本的热情在燃烧着就可以。这样的人也都是朋友，我和民子就是朋友。

民子：和老师进行谈话，我整个人都充满了激情。那么，我们在创作作品时，需要注重什么呢？

川岛：现在我觉得是应该要有面对本国文化的自豪感，我们无论怎样，都变不成蓝眼睛的外国人。所以，要更加相信自己的眼光和想法。

民子：我在学习本国的美发和舞蹈时，就觉得我们的美感很好。

川岛：是啊！黑发的爱神，新鲜、华丽的歌舞伎等，现在因为在做美发，对这些必须要了解。

民子：是啊！

川岛：吸取西方的美感在我们这里进行改造，进行消化，进行创作，这就是我所追求的。

民子：老师，我呢？从现在开始我该怎么做？

川岛：你现在就已经很好了，我希望你变成不会被遗忘的民子。如果用比较辛辣的词形容就是缺少“毒性”。

民子：还需要“毒性”吗？

川岛：就像药物一样，药性越大效果越好。所以适当的毒性是可以的，因为民子是 40 岁中的姣姣者啊！

民子：是啊，必须要加油！

Present!

我一直珍惜这最初的灵感，因为自己是极爱漂亮的人，所以对自己的每一寸肌肤都非常在意。40岁的人就是喜欢穿这种刺激人眼球的衣服。请大家一定要阅读我去年 12 月出版的图书。

民子的小屋

谈话结束

今天老师的话很有杀伤力哦！经验丰富的老师的每一句话，都让我心中充满激情。在老师广阔的胸怀中，不管是什么类型的人只要对美发充满热爱，都可以成为朋友。所以，自己也要在这方面有所加强。随波逐流的我还要再努力！

最后就送给老师一份礼物吧！非常有成人魅力的豹纹内裤哦！“不能看到穿上的样子，真是很遗憾！”老师在自己的著作《川岛文夫的创作》上签了名，年轻时就经常在枕边翻看这本书，真是非常感激。

解说过于复杂的染发!!

怎样混合染膏？

怎么做能出现想要的色彩？

遮盖白发的染膏和流行色染膏有什么不同？

建议什么颜色好呢？

锡纸染怎么做呢？

这些问题的答案就是通向成功染发的秘诀

染发非常复杂……各种技术接二连三地出现，染膏也不断地在改进。客人的要求也更加多样化。“MINX”最受欢迎的设计师长崎英广先生把过于复杂的染发解说得简单易懂。很快你就会恍然大悟，了解成功染发的关键所在。沙龙工作的特效染膏所有秘诀在此大公开！！

［主要内容］

- 第1章 熟练掌握“8度色调”
- 第2章 了解颜色的基础知识
- 第3章 颜色对质感的影响
- 第4章 颜色设计的组合
- 第5章 如何遮盖白发
- 第6章 印象决定染发颜色

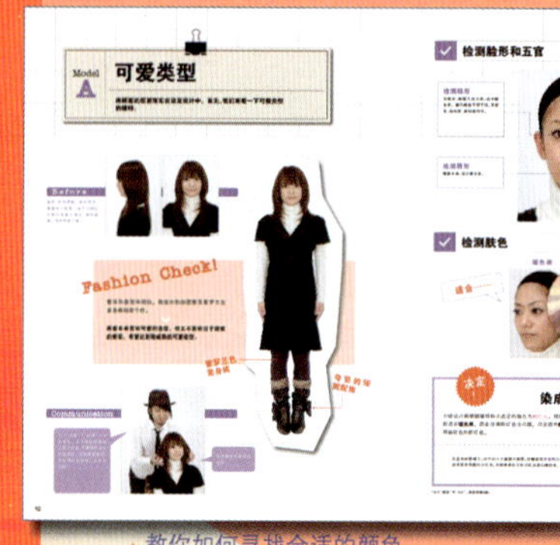
▲教你如何寻找合适的颜色

▲锡纸染的方法。

▲遮盖白发的方法

▲形成质感的方法！

▲染发剂的混合方法大公开！

通向超人气发型师的捷径

从颜色来考虑

成功染发实用手册

教授：长崎英广［MINX］

正在热销中！

定价：38.00元

辽宁科学技术出版社

地址：沈阳市和平区十一纬路29号　110003

http：//www.lnkj.com.cn

社内邮购：024-23284502　23284559　23284507

网络发行：http://shop36528228.taobao.com

投稿热线：024-23284063

QQ：542209824（请注明“美发”等字样）

金井 丰[RITZ] 著

金井 丰的声明

本书以高效率学习作为主题。以前把适合学校教学系统学习方法的人称作“聪明人”。其实，学校的教学模式也许是只适合部分人学习的一种方法。

可是实际上有人运动能力强，有人音乐（听觉）感觉优秀，还有人语言能力强等，由于大家各自具有的能力不同，感觉方法也是不同的。对于学习，大家都有自己擅长的方法吧，比如“看动作更好记”、“比起文字用语言讲解更好明白”、“画图讲解掌握得牢”……

大家学习的时候用“好学”、“容易明白”这样适合自己的方法学习，学习效率就提高得很快。所以，本书准备了各种途径可以进入RITZ，根据大家擅长的领域来学习“结构修剪”，请大家从“好学”的地方开始努力学习吧！

高效率学习

你从哪个入口开始呢？

你是学习型的，可以从擅长的方面开始学，吸收的内容和速度绝对不一样；

理论理解能力强的人，喜欢文字解说；

喜欢看展开图的人，图画理解力强；

让从剪发基础开始的人高效率地来学习。

RITZ设计的结构修剪

“结构修剪”由基础修剪、线条打薄、量感调整、设计修剪四个方面组成。

RITZ设计的结构修剪，由四个剪发过程组成，是能表现所有RITZ发型的剪发方法。

（1） 作为发型基础的基础修剪

（2） 调整造型的线条打薄

（3） 调整发量的量感调整

（4）呈现动感和质感的设计修剪

从结构修剪的基本技术到应用完全收录其中，让你彻底通晓受欢迎的RITZ沙龙的所有发型设计。

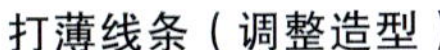

结构修剪的基本构成

顺着头部骨骼有12个点，点和点连成线，构成剪发的5个分区，引导出结构修剪的基础思考方法。

打薄线条（调整造型）

利用纵向、横向、斜向的线条打薄，调整造型的效果。

量感调整

拉出三角棒，用固定的法则加入打薄削剪。

设计修剪

分别调整外面、内部、两侧，来表现要求的动感。

BASIC OF BASIC

剪发

技术讲解

舞床 仁、饭田健太郎“PEEK-A-BOO”

新连载

第1讲

一直线鲍勃①

水平鲍勃造型 前篇

难理解的内容不是基础。
难掌握的技术也不是基础。
从这开始最新的最直接的基础讲座。
易掌握，实用性强，
为了让大家成为人气发型师而送给大家的基础讲座。
第1讲介绍的是剪发。
学习正确的剪发方法，成为美发达人！

模头/龙川株式会社提供

SCHEDULE

第1讲	一直线鲍勃 ①	水平鲍勃造型<前篇>	
第2讲	一直线鲍勃 ②	水平鲍勃造型<后篇>	
第3讲	一直线鲍勃 ③	向前斜下鲍勃造型	……继续

舞床 仁（右）/1974年出生于福冈县。毕业于福冈美容美发专业学校。1993年加入“PEEK-A-BOO”。现在是“GINZA-PEEK-A-BOO”的高级发型师。
饭田健太郎（左）/1977年出生于茨城县。毕业于山野美容美发专业学校。1997年进入“PEEK-A-BOO”工作。现在是“m̊PEEK-A-BOO”的高级发型师。

开始

扎扎实实地掌握基础的人才是真正的强者。
《URESTA！》（《丝语》日文版）创刊两年了，
结识了许多人气发型师，
他们告诉了我们这个道理。

有的人不断地创造出新的设计，
还有的人创造了高额的利润，
他们都有一个共性，
那就是拥有了扎实的基础。

痴迷于高端技术的人们，
从此以后想更加活跃的人们，
请回到最初的基础，
不管技术的枝干伸向何方，
想要开出美丽的花朵，
都需要根部来孕育。

“URESTA”（超人气发型师）之本

就是因为这种思想，连载才会持续。

收获的是
逐步成熟的运用
与核心的技巧。

现在真正需要的是
牢牢地掌握而不只是效仿他人走向未来，
这就是生活的准则。

是的，基础并不意味着简单。
所以，有着很大的使用价值。

从基础做起不要厌倦，
因为这是奔向自由的出发点。

这就是『URESTA！』的唯一信条，
请好好地从基础学起吧！

剪发前必备的工具

打薄剪刀

用途：主要用来调整发量。

选择方法：能去除发量 30% 左右为佳。

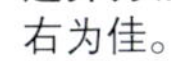

剪刀

用途：可以用于多种剪发技巧的使用。比如：平剪技法、锯齿剪技法、点剪技法、滑剪技法等，是创造发型最主要的工具。

选择方法：适合自己的手型。最好选择刀身长度等于手长，刀柄长度与中指长度相同的剪刀。

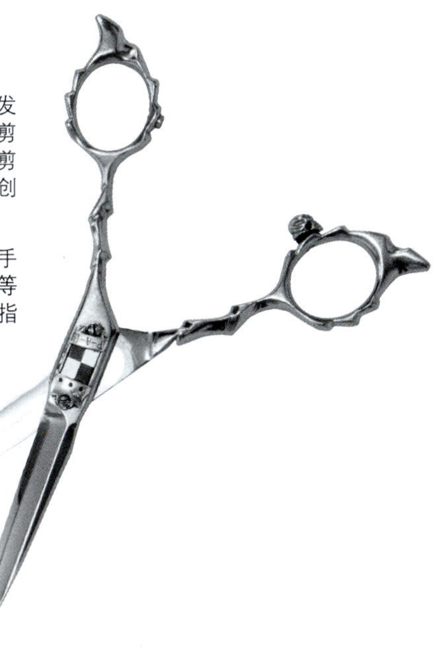

喷壶

用途：湿剪时补充水分。

梳子

用途：分缝、提取发片、梳理头发等使用，用途很广，起到规尺的作用。

选择方法：齿越宽越不会产生拉力，如果想使用均等的拉力进行剪发的情况下，建议不要使用齿过宽的梳子。

鸭嘴夹

用途：剪发时把不用的头发暂时夹起。

剪发前须知

骨骼定位点

在骨骼上，剪发时分区的划分、取发片定位的重要的点。

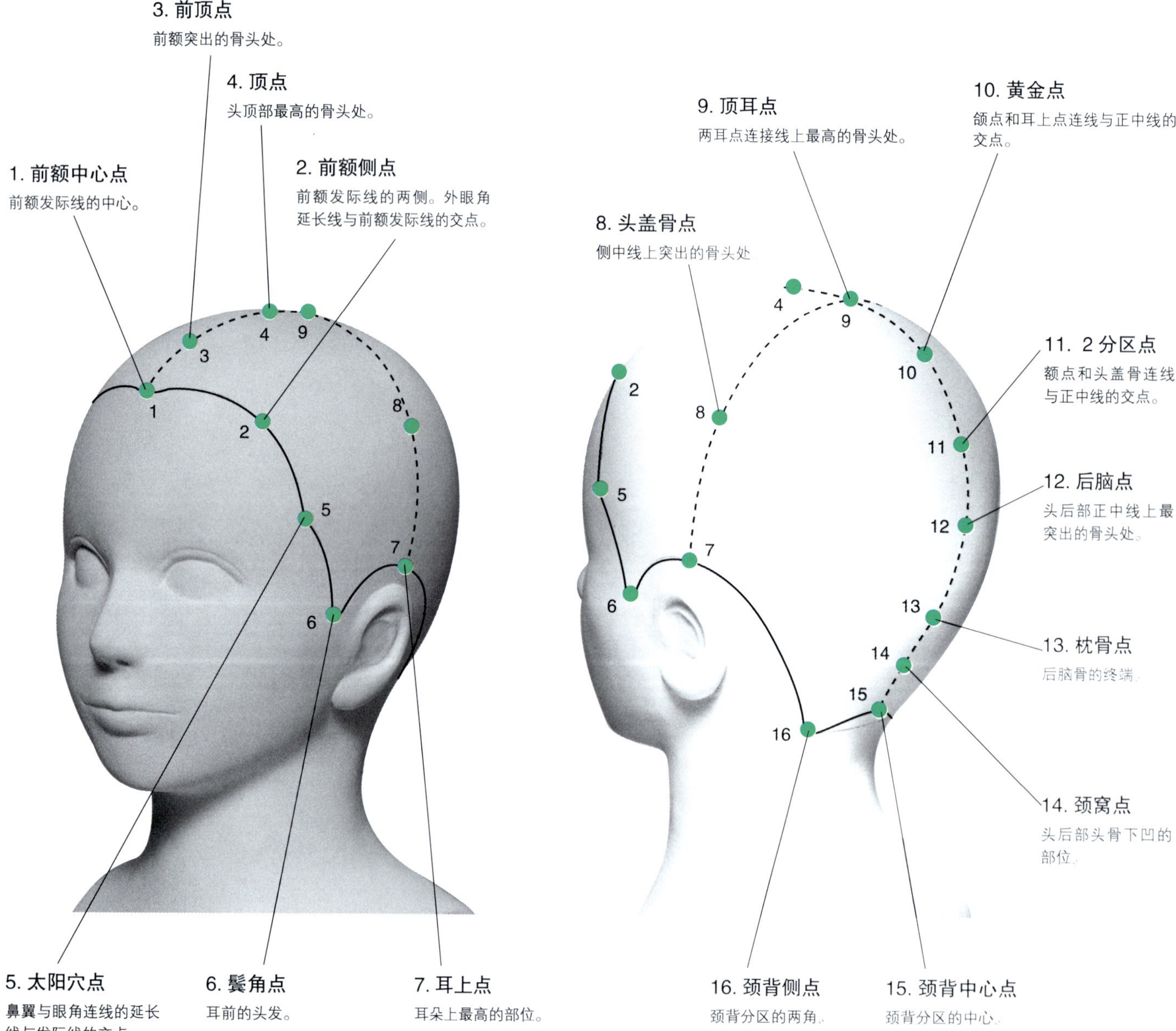

分区

根据发型的需要，全头可以纵向划分进行剪发（纵向分区），
或者横向划分进行剪发（横向分区）。
划分出来的各个部分即为“分区”。
分区是根据骨骼的特征来划分的，根据造型，每个分区的作用也不同。

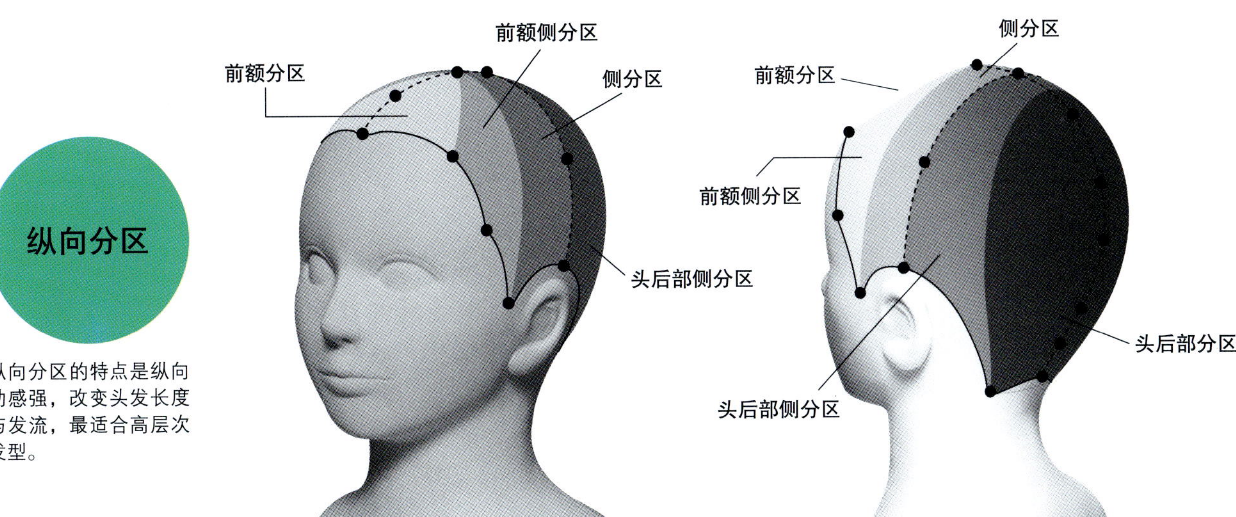

纵向分区的特点是纵向动感强，改变头发长度与发流，最适合高层次发型。

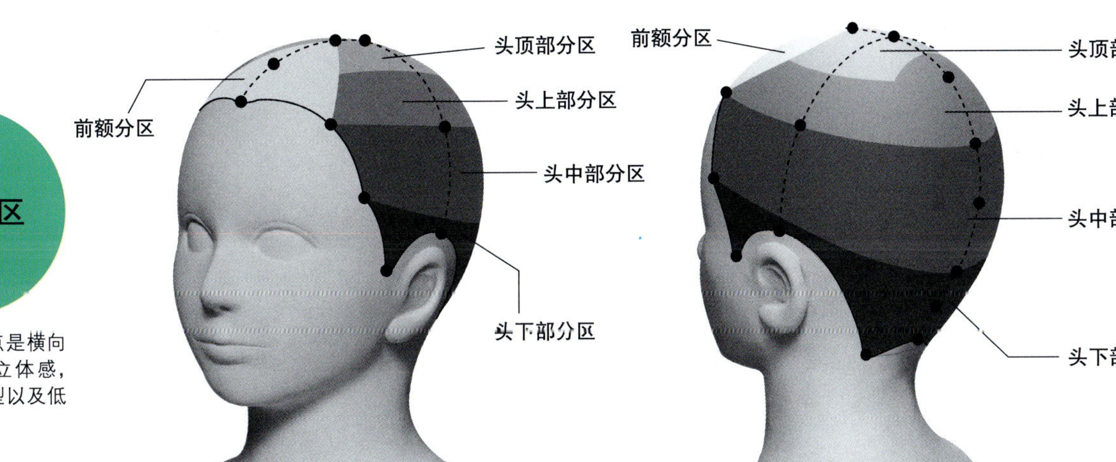

横向分区的特点是横向动感强，体现立体感，最适合鲍勃发型以及低层次发型。

分缝线与发片

剪发时，为了划分适量的发片而进行分区。
将分发片的线称为“分缝线”，分出来的发束称为“发片”。

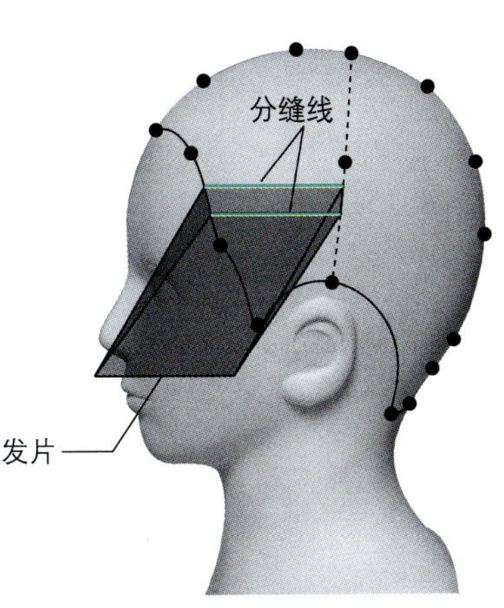

剪发时的注意事项

站姿

剪发基本姿势如图所示。右脚稍向前，两足距离比肩稍宽，重心在中间。发片在右胸前，眼睛的视线固定在正前方进行剪发。

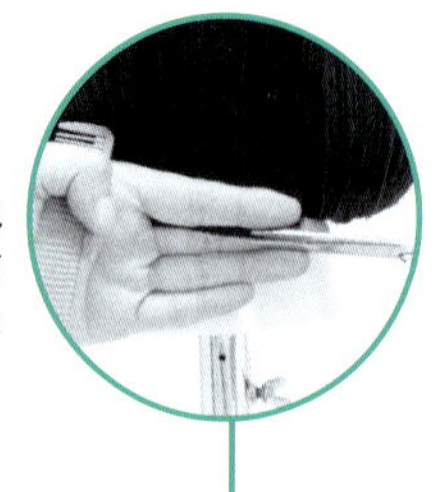

发型师的视线要在正前方捕捉对象进行剪发。

站位

通常，对要剪发的部分而言，身体的姿势站在能剪发的位置。

持剪刀的方法

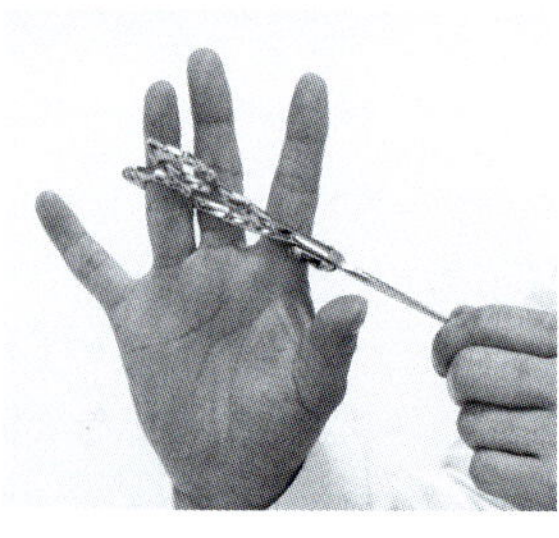

1
剪刀的正面朝下，无名指的第二个关节套入不可动柄的圆环内。

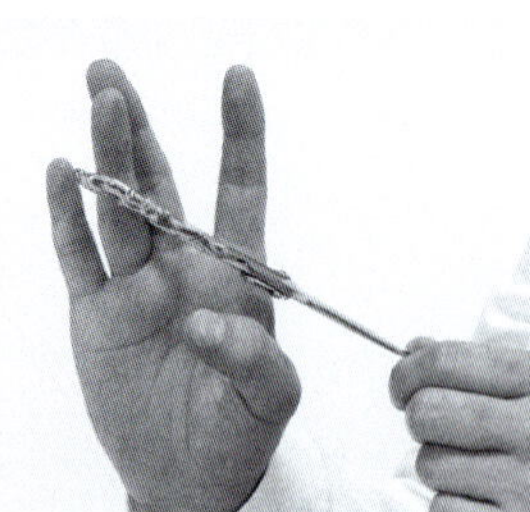

2
中指压到无名指上。

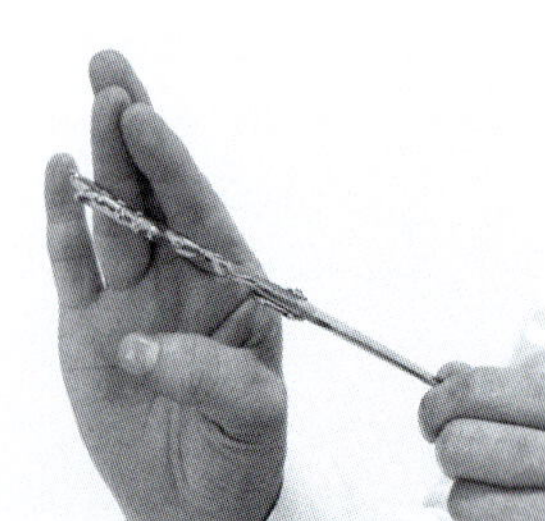

3
食指由下方支撑中指和无名指。

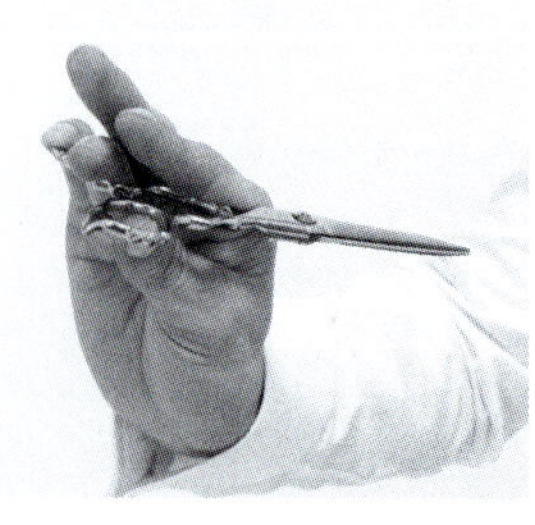

4
最后，把可动柄的圆环卡在拇指上。

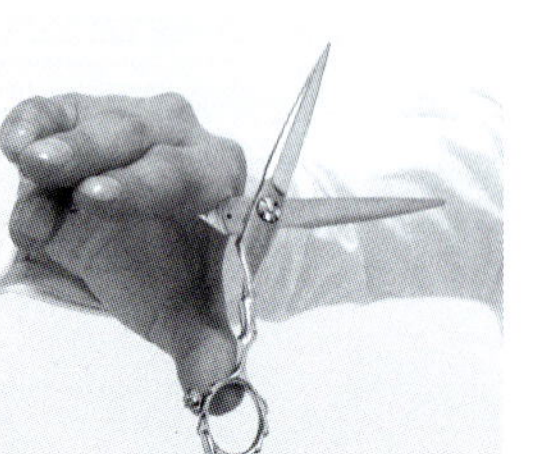

5
剪发时由拇指打开剪刀。

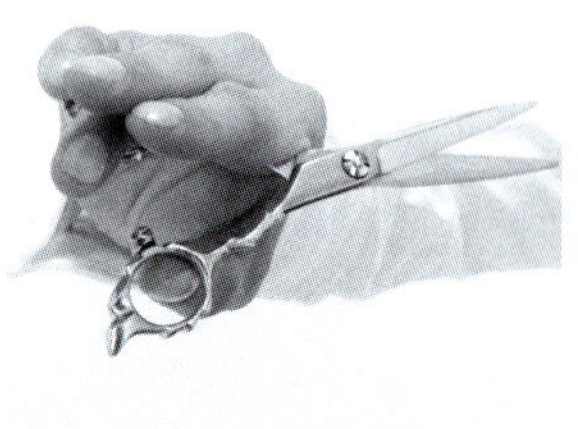

6
闭合。

梳子的使用

剪发的基本操作是，①用右手梳理，②交替到左手，③左手引导设计线，右手剪发。

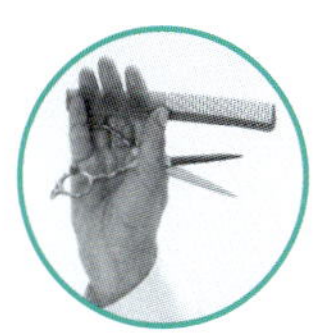

右手持剪刀和梳子，为了防止拉力过大，梳子应与头皮成90°进行梳理。

在这，如果梳子放倒梳理头发的话，头发会因产生过强的拉力无法均等地剪齐头发。

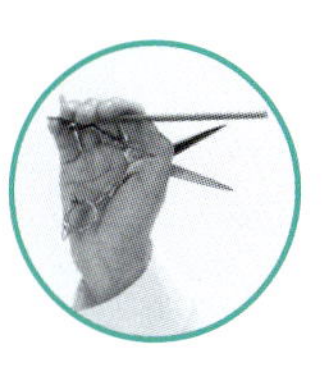

就这样到发际线为止向下梳理。

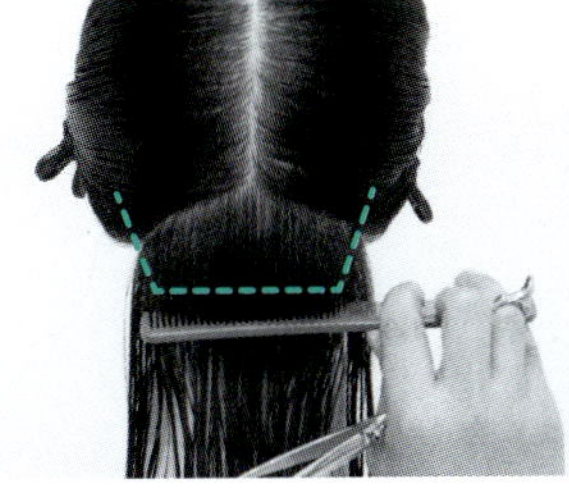

重复刚才的动作。

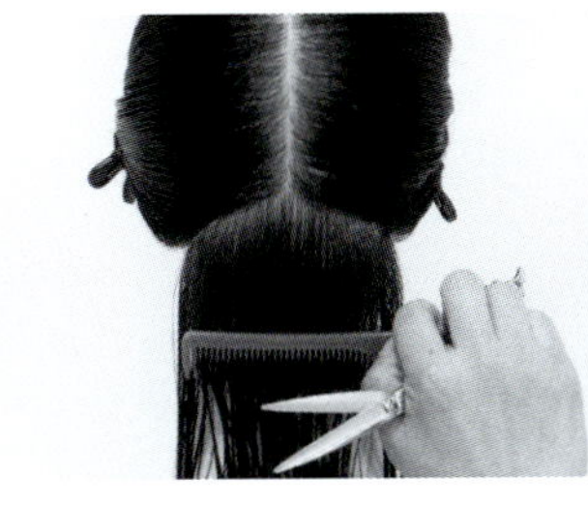

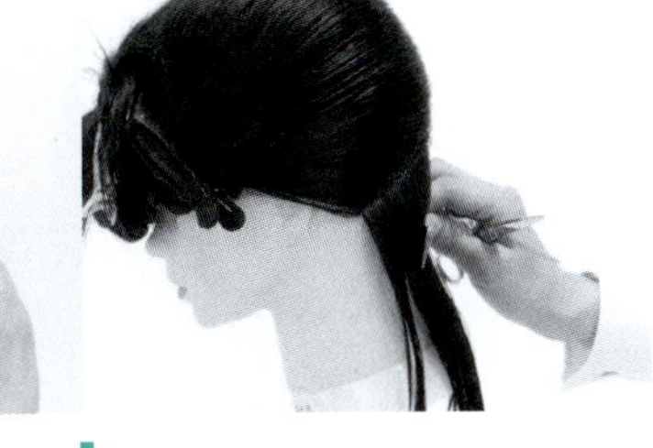

沿着梳子用左手的食指和中指夹住发片。

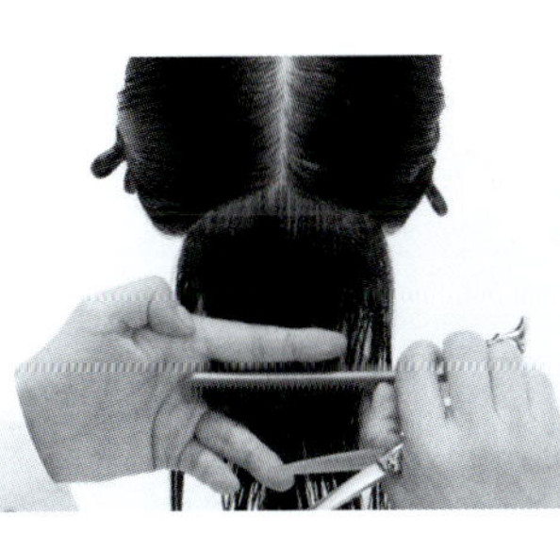

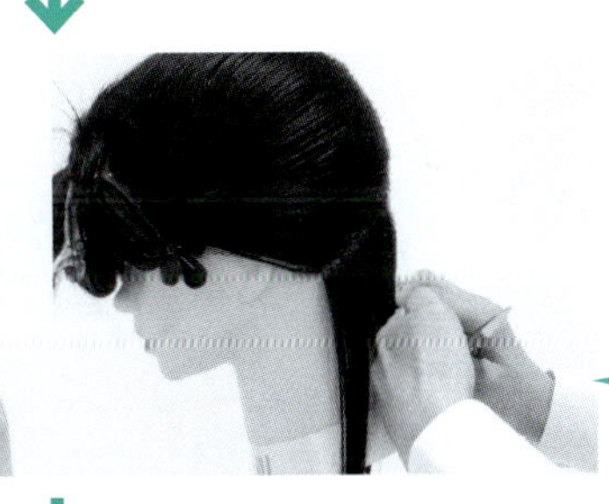

到发际线为止，在没有梳理完头发之前，如果用左手夹住发片的话，根据左手的拉力，无法均等地剪齐头发。

拿掉梳子。

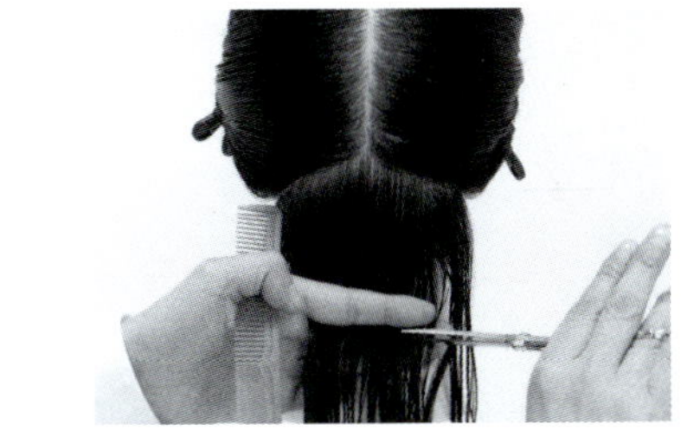

沿着左手入剪。剪发由此开始。

从此开始剪发

接下来要剪的是……

水平线上的一直线鲍勃造型

学习的内容是头发末端的轮廓线与地面平行进行剪发，不要产生断层幅面。完成把所有的发尾在同一个水平线上进行剪发的技术。

方法

剪一直线鲍勃有很多种方法。这回为了减少失败，选择以下容易实现目标的方法（在分区中进行板状的修剪技法）。

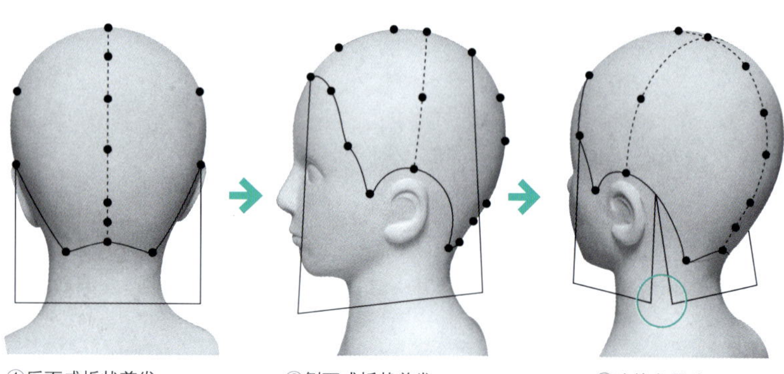

①后面成板状剪发。 ②侧面成板状剪发。 ③连接交界处。

若剪这款发型，就要尽可能地努力

■ 掌握头骨骼的特征

因为通过分区剪发的方法可以更轻松地了解骨骼的特点，同时根据骨骼和发际线的形状，了解发量和发流的方向。

■ 掌握左右剪得对称的要领

由于是板状剪发，而且是头后部剪成一条直线后再剪两侧，因此剪齐左右很容易。加强两侧一致剪法的训练。

■ 掌握所有轮廓线的基准，即学会剪水平轮廓线

初学者剪发时容易前高后低，如果使用这种方法，后部呈圆弧状剪发，就可以避免前高后低。可以掌握制作水平线的方法。

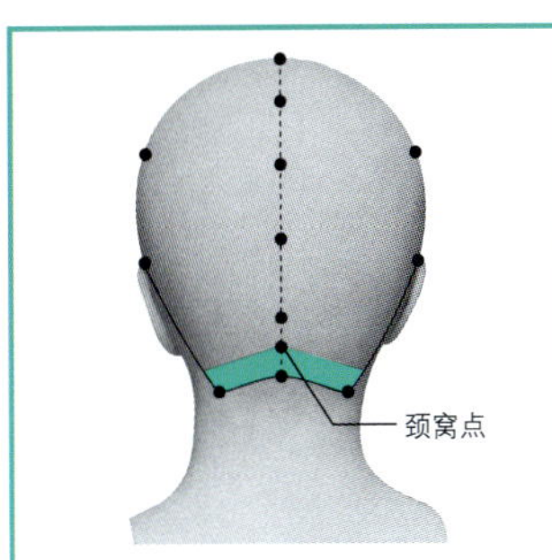

剪发开始前的准备 01

剪发前的操作

■洗发后，用毛巾轻轻吸走部分水分。
中途头发过干的话，可补充适当的水分。

■进行全头梳理，使头发自然下垂。

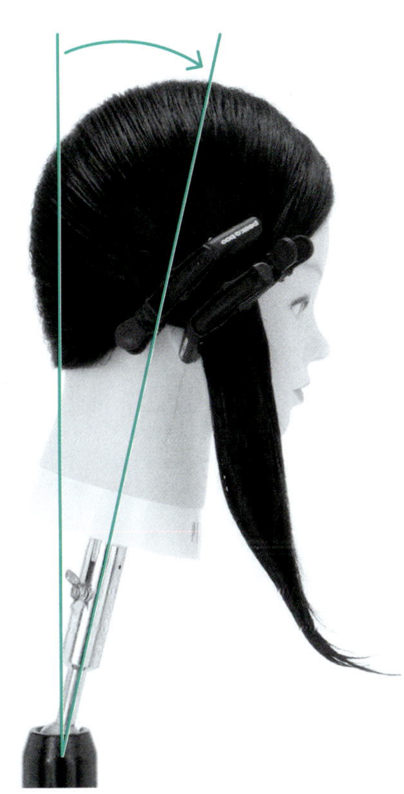

1 全头的头发由正中线分向两侧。

2 头稍向前倾（※1），实际上客人的情况，下颏是自然向下的。

3 头下部分区开始剪。和颈背分区的发际线平行，在颈窝点开始取 2 厘米厚的八字形发片。

※1

为什么头要向前倾？

从头后部点向下，头部骨骼是呈向内侧倾斜的状态。如果脖子直立地剪发，头发就会沿脖子弯曲，表面的头发就会变短。如果头向下倾，发流就可以向内侧流动，从而可以整齐地剪发。

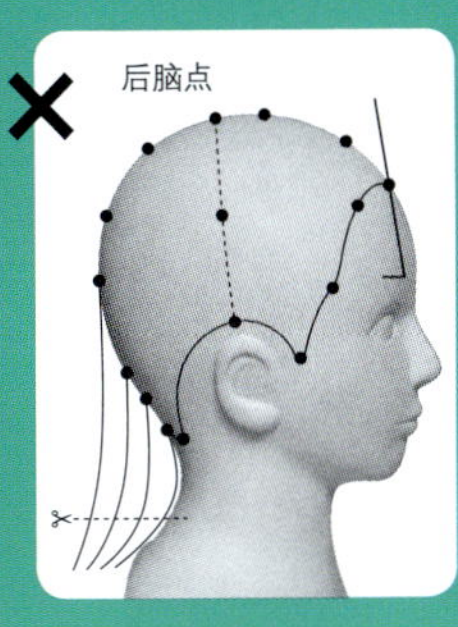

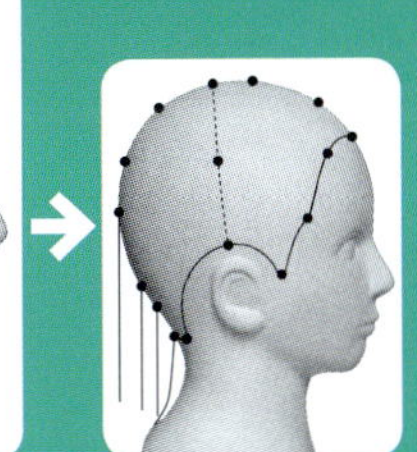

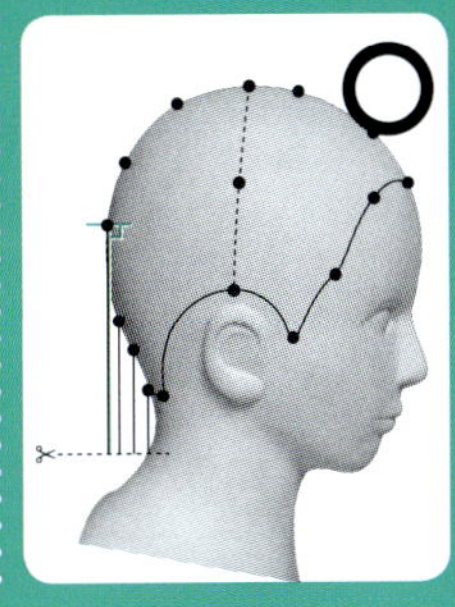

※2

为什么会是八字形发片呢？

亚洲人的颈背部大多是颈中心点比颈侧点靠上。因此如果水平提取发片，左右两侧的发片就会比中间的发片量多。剪发时容易产生误差。因此，要沿发际线呈八字形均等提取发片。

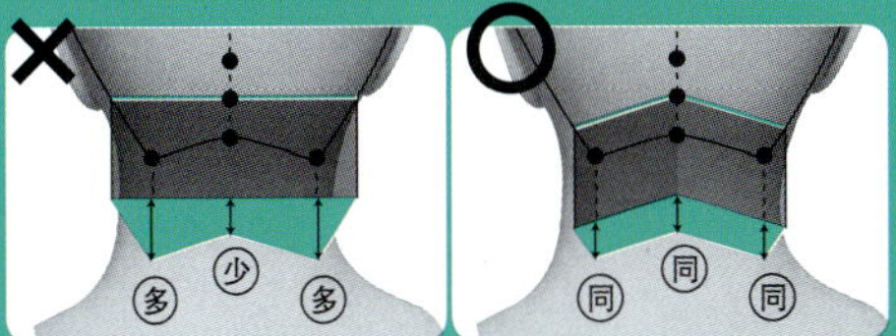

02 头后部第 1/4 层在中央开始剪发

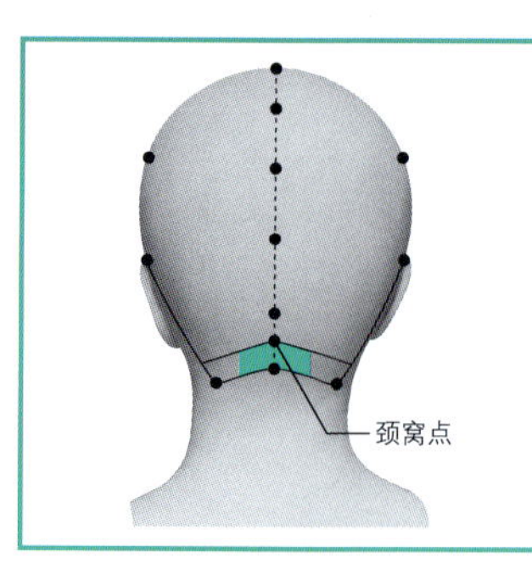

4 垂直于头皮梳理。

5 在过发际线的地方再回原位重复同样的动作。

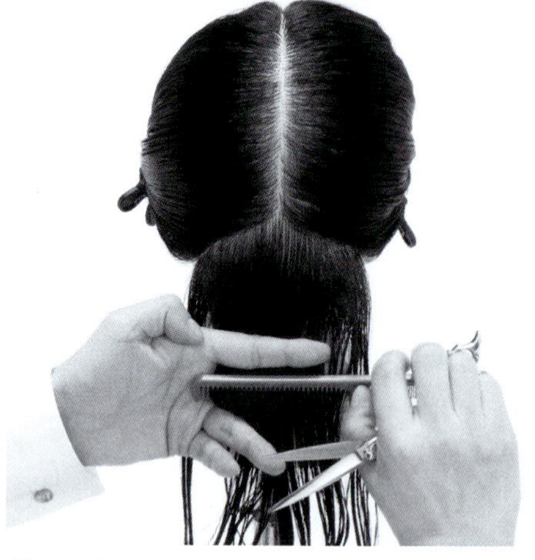

6 左手在颈部中心的高度夹取发片（※）。

7 确定设计线的长度。

8 左手食指和中指之间入剪，沿中指使用平行修剪技法进行剪发。

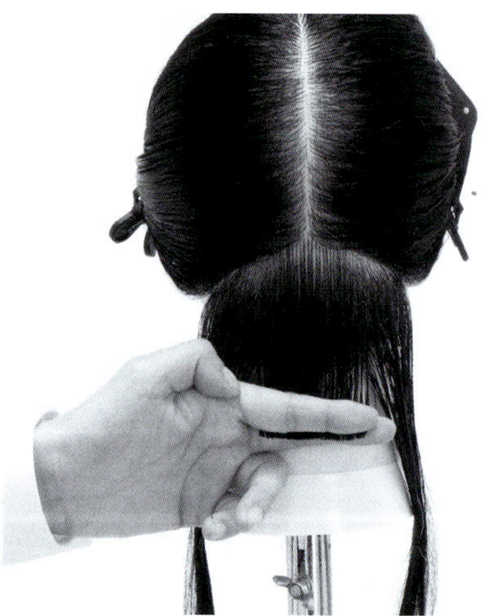

9 剪完的状态。

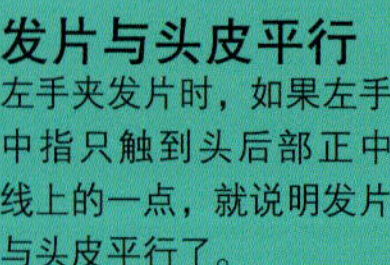

※

发片与头皮平行

左手夹发片时，如果左手中指只触到头后部正中线上的一点，就说明发片与头皮平行了。

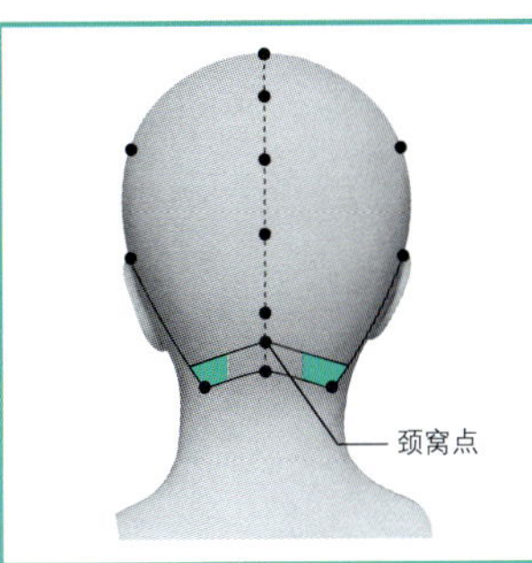

头后部第 1/4 层 分别修剪左右 03

10 用右手持剪刀（※1）。不要沿头皮，而是要呈板状（※2）取发片，由左手掌握头发的长度。

11 左手作为设计线进行剪发。

12 再次返回中央位置，检查是否整齐（做调整性修剪）。

13 右侧也呈板状取发片剪发。

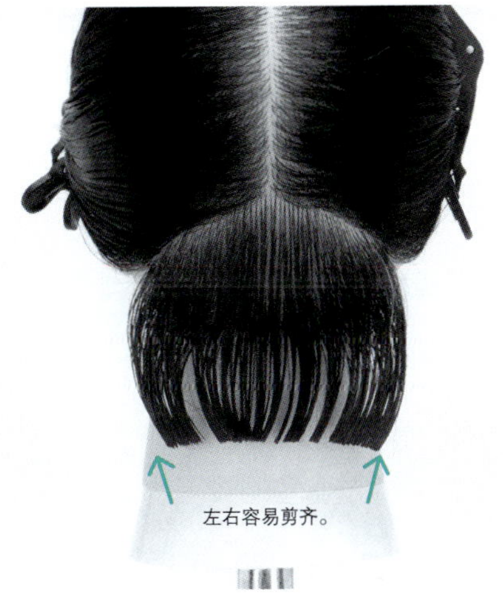

14 呈板状剪发的状态。

15 沿头皮梳理头发，会呈现弧线状造型。由于两端的头发较长，可以防止在剪两侧头发时，两侧头发比头后部偏短的状态。

※1 剪发顺序也有窍门

如果不是左撇子，剪发通常都是由右向左入剪。要是先剪中间的话，向右侧前进，头发很容易剪齐。剪右侧前，先返回中央再一次重复（图 12）然后在向右前进。

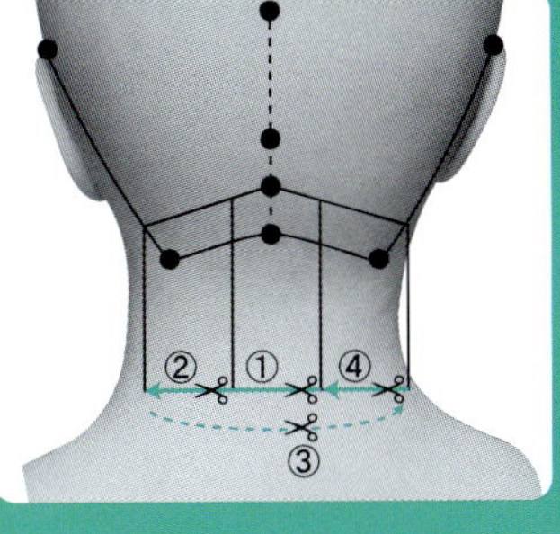

※2 何谓“板状”？

所谓板状，就是无视头皮的形状，在同一平面内取发片。若从头后部看，在水平面进行剪发，两端就在同一直线上。这样两侧的头发就容易剪齐了。

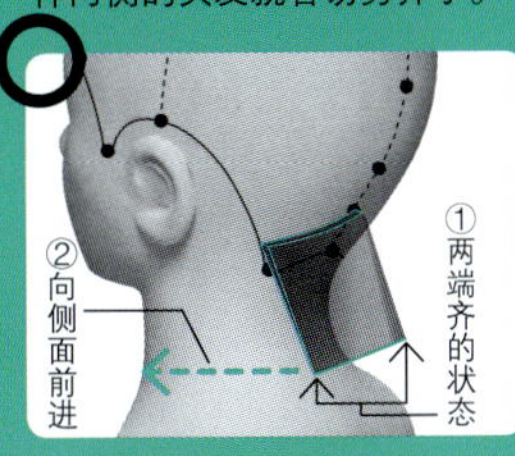

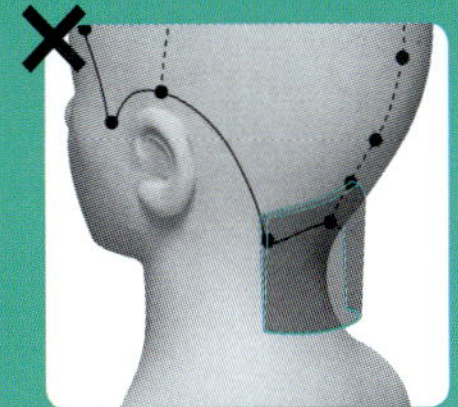

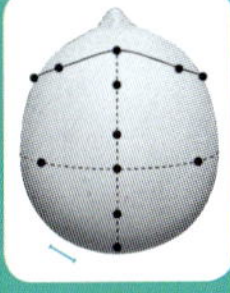

04 修剪头后部 第 2/4 层

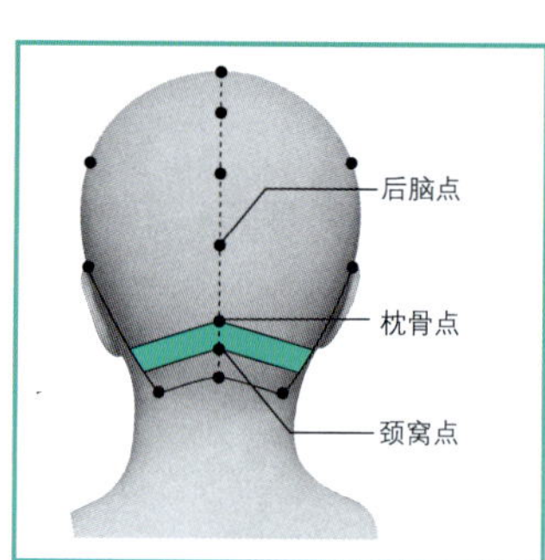

16 第 2 层和第 1 层一样，头向前倾，从颈窝上的点开始和下一层头发平行取八字形发片。

17 以下一层为设计线从中央取发片。夹取发片的中指同样要落到头后部正中线上。

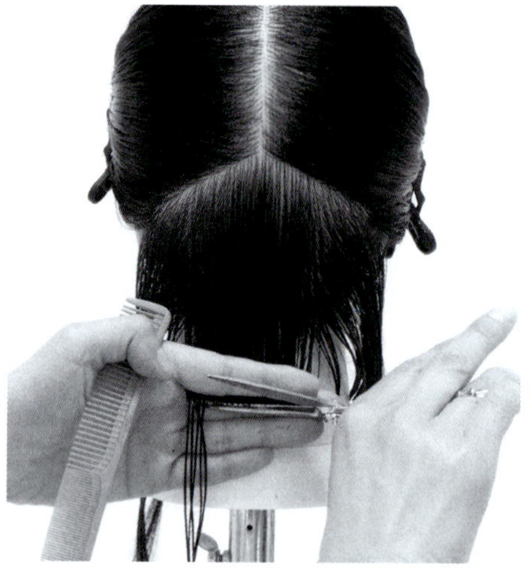

18 以前一个发片的长度为设计线进行剪发。

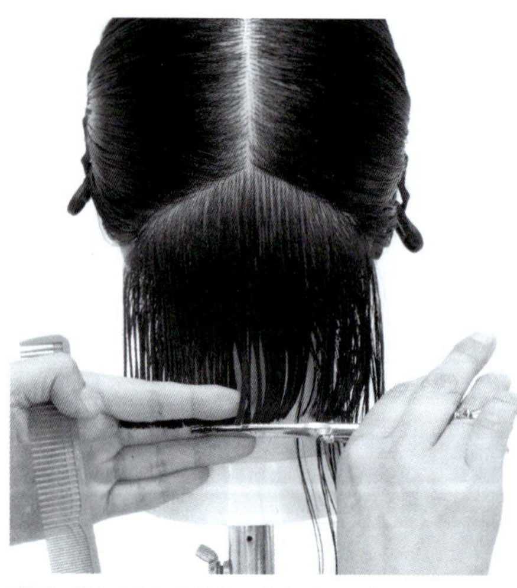

19 进入左侧。呈板状取发片，在 18 的延长线上剪发。

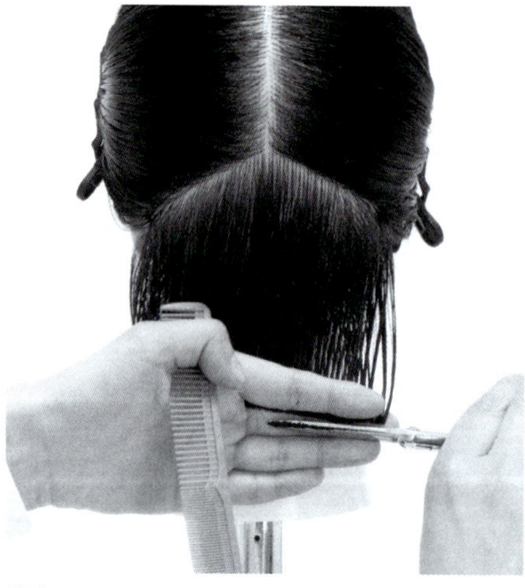

20 右侧也呈板状取发片，在同一条线上剪发。

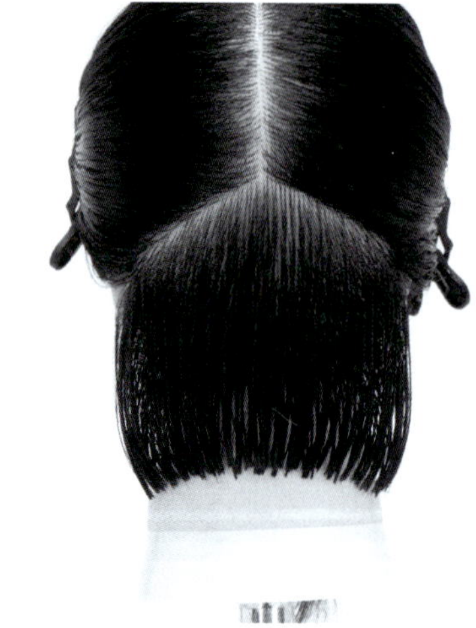

21 第 2 层修剪完成的状态。

※

一层一层地进行检查

剪完一层后，用左手把发尾向内侧轻轻压，以达到干发后发尾向内弯曲的效果。

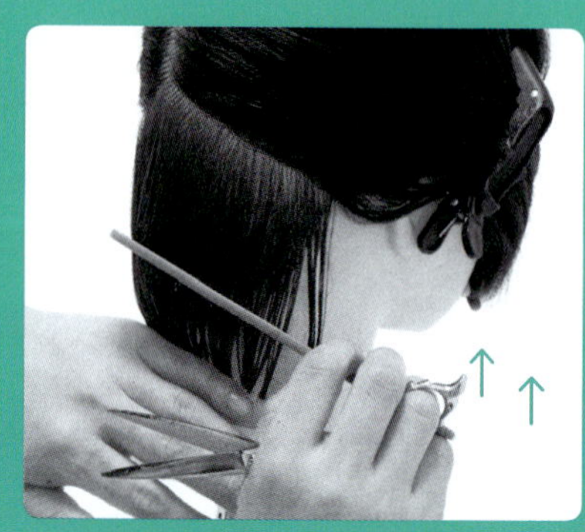

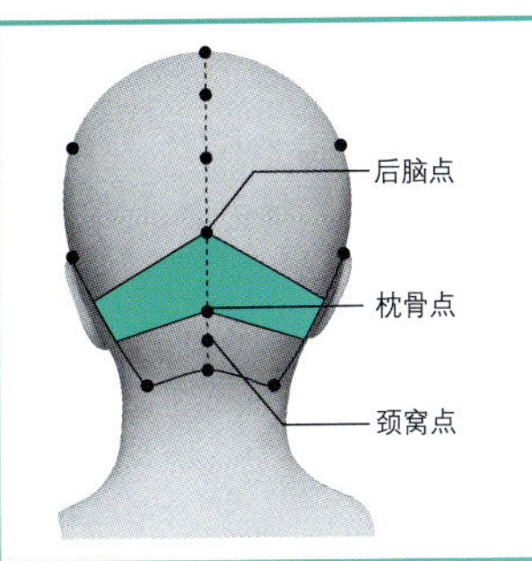

修剪头后部第 3/4 层 05

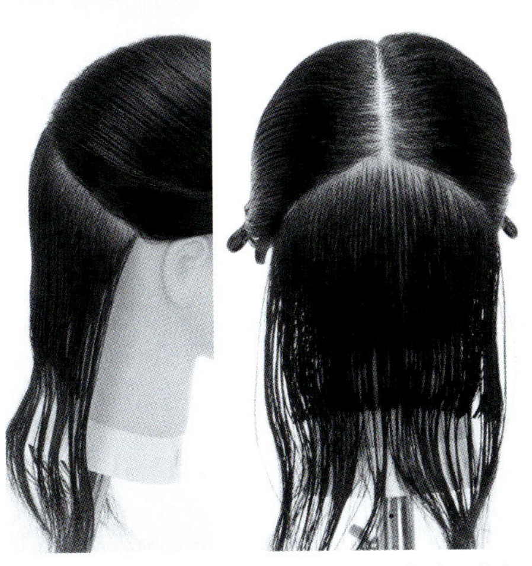

22 剪第 3 层时，头同样前倾，从头后部点开始和下一层平行取八字形发片。

23 中指落在头后部中央位置，由中央取发片，以下一层为设计线进行剪发。

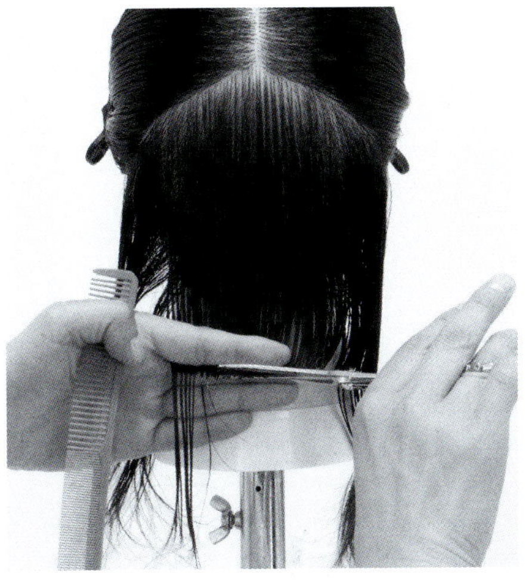

24 从这一层开始由于骨骼幅面变宽。所以左右各分 2 次剪发。以中央的发长为设计线，呈板状从左侧取发片，与下面的长度相同剪发。

25 并向左侧前进剪左侧，同样是呈板状取发片。

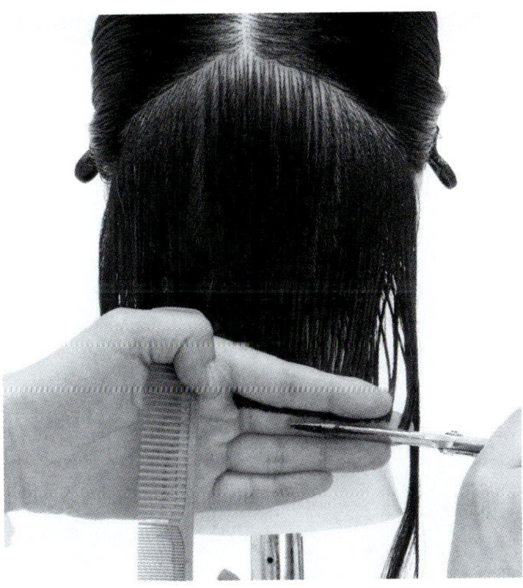

26 右侧也分 2 次，呈板状剪发（※）。

27 第 3 层的完成状态。

※

不呈板状取发片，容易剪过量。

从图片可以看出，呈板状取发片的重要性。如果沿脖子取发片是很容易造成剪过量的。

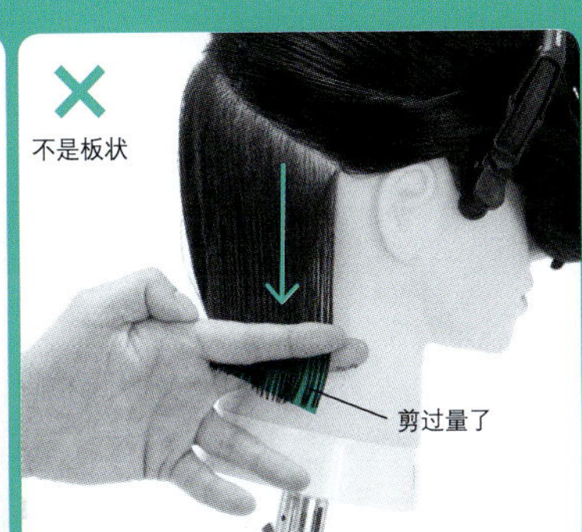

06 调整性修剪

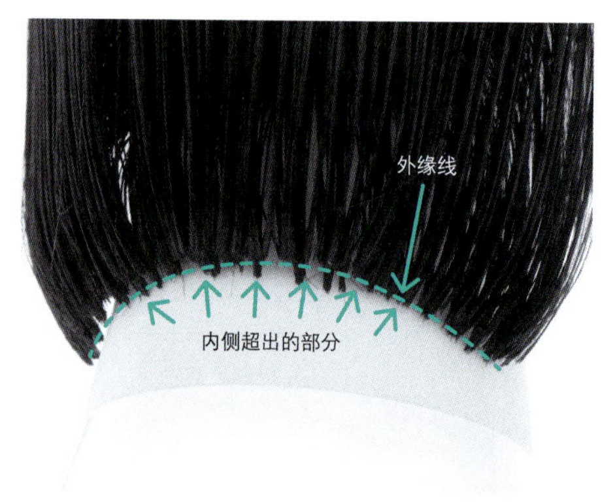

28 到这为止，一直是用手指夹取发片操作，因此一定会产生断层幅面（低层次）（※1）。

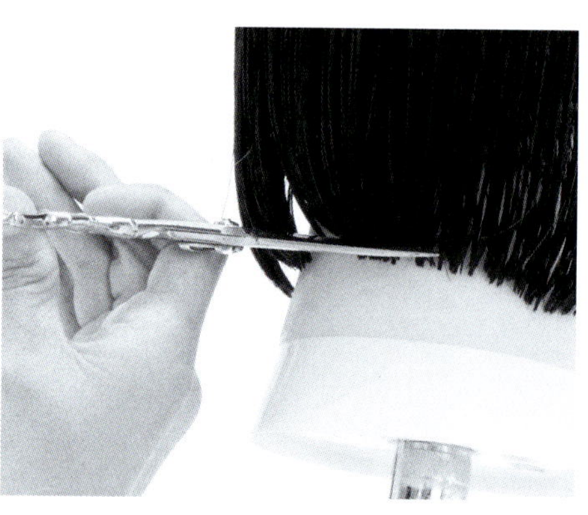

29 除去 28 中超出外轮廓线的头发。沿着脖子徒手剪掉。

30 去除断层幅面的状态。

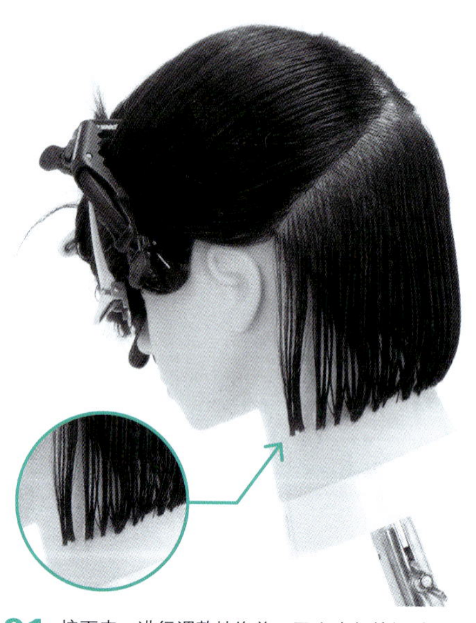

31 接下来，进行调整性修剪。因为头向前倾时，头发会产生重叠的状态并产生偏移，因此在轮廓线上的某个部位会产生长短误差。

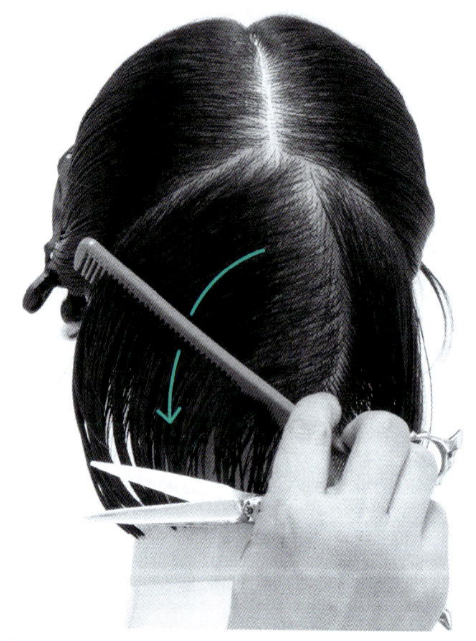

32 中间偏右处开始 C 形梳理头发（使发流呈圆弧状）。

33 剪去超出轮廓线外的头发（※2）。此时不需要呈板状取发片，沿脖子剪发即可。

※1

为什么会存在断层幅面？

从脖子的中间位置开始剪发时，是左手的中指夹住发片的状态下进行剪发，也就是说脖子与发片的高度是一手指的高度（并不是 0°）。因此，一手指的高度就产生了断层幅面。

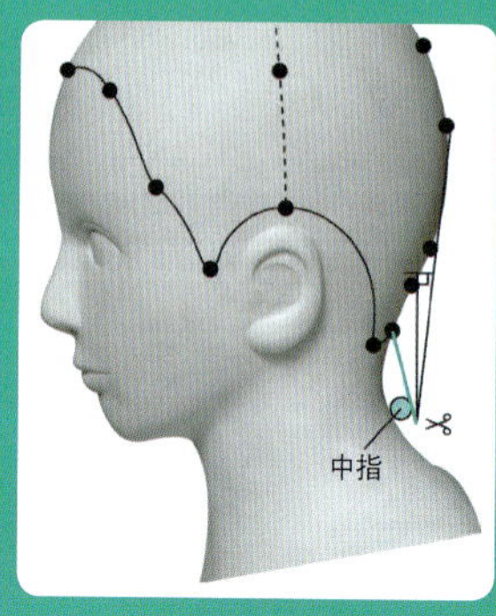

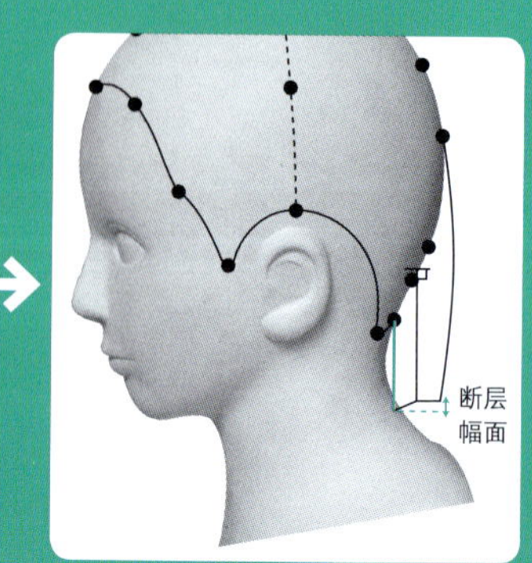

34 并且头发呈 C 形梳向左端。

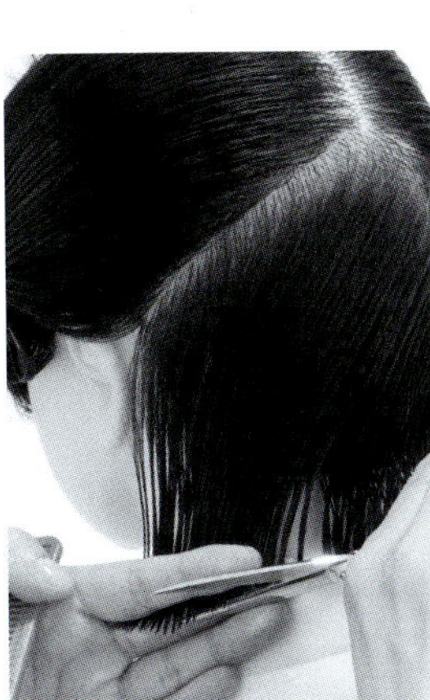

35 剪去超出轮廓线外的头发。

36 轮廓线上凌乱的状态消失了。

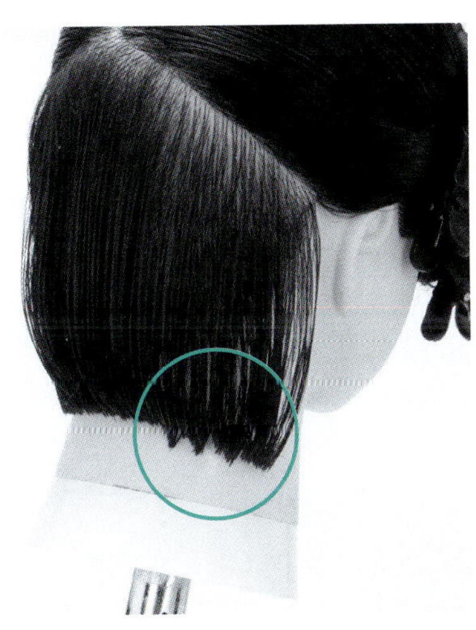

37 右侧也同样，在轮廓线上呈现了凌乱的状态。

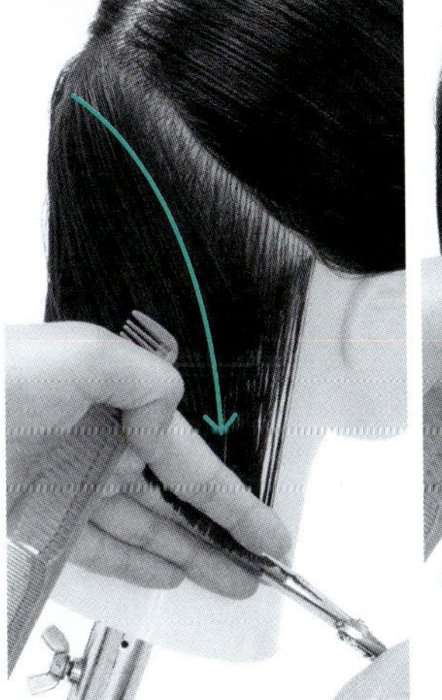

38 呈 C 形梳理后，除去多余的头发。

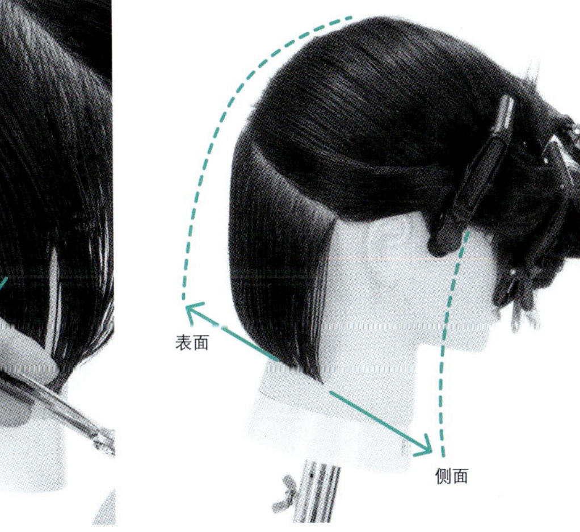

39 右侧调整性修剪完成了。在这之后把头后部与侧面、表面相连接，到这为止发型的最重要的基本“地基”工程结束了。

※2

轮廓线凌乱的原因是……

之所以会出现凌乱的状态，是因为头部的角度的变化，而使头发长短出现误差。

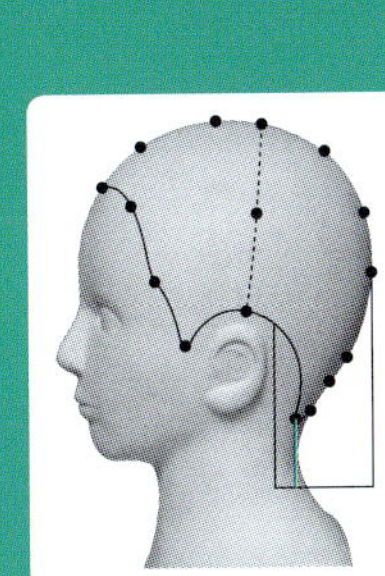

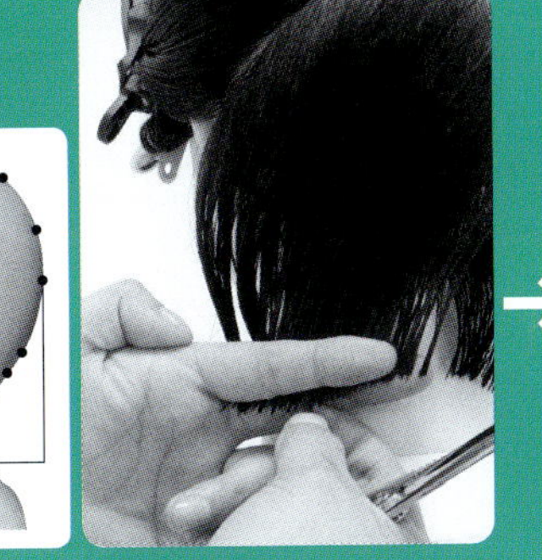

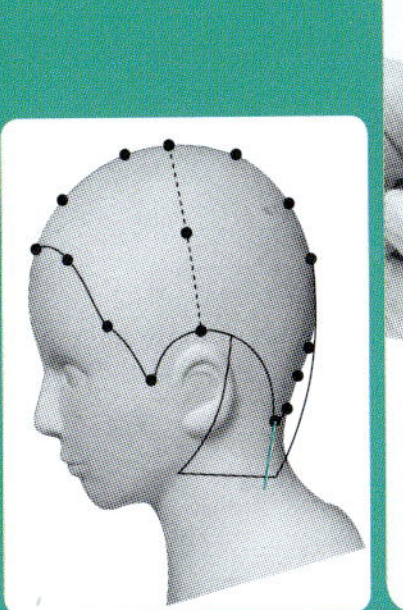

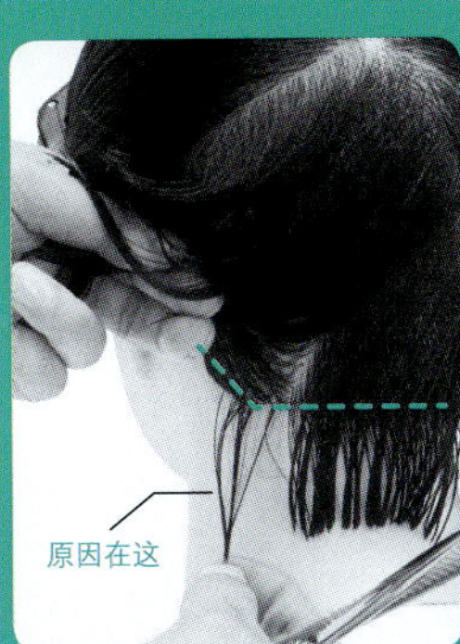

07 修剪头后部 第 4/4 层

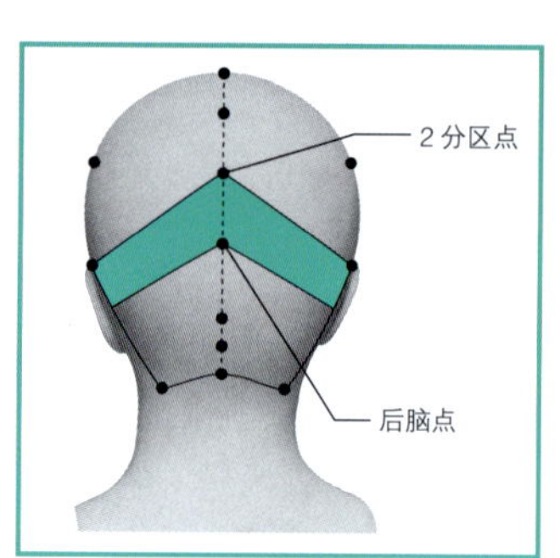

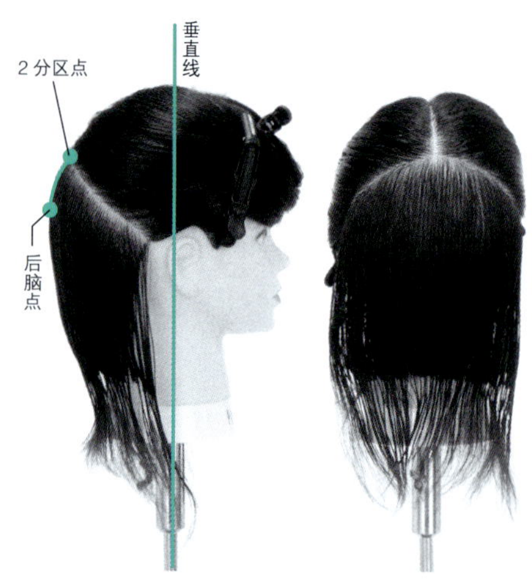

40 第 4 层从 2 分区点开始呈八字形分发片。后脑点上的骨骼倾斜度发生了改变，所以从 2 开始头向前倾的动作已结束，从这开始头可以抬起进行修剪。

41 操作的方法和下一层相同

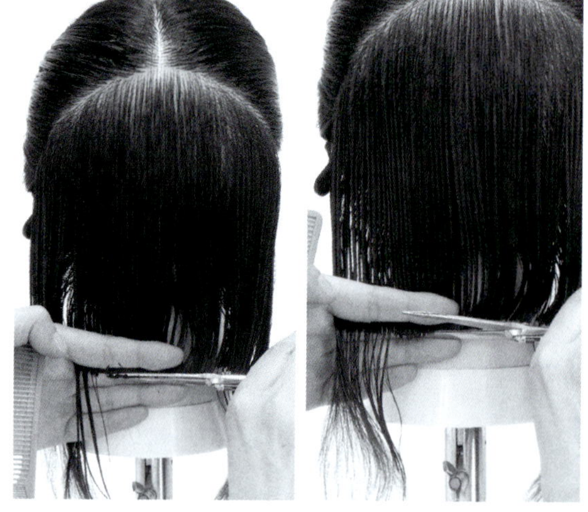

42 向左侧修剪。呈板状取发片沿中央延长线向左剪。分 2 次剪完。

接下来向侧面前进。
（见《丝语 5》）

43 右侧同左侧一样，分 2 次呈板状剪发。

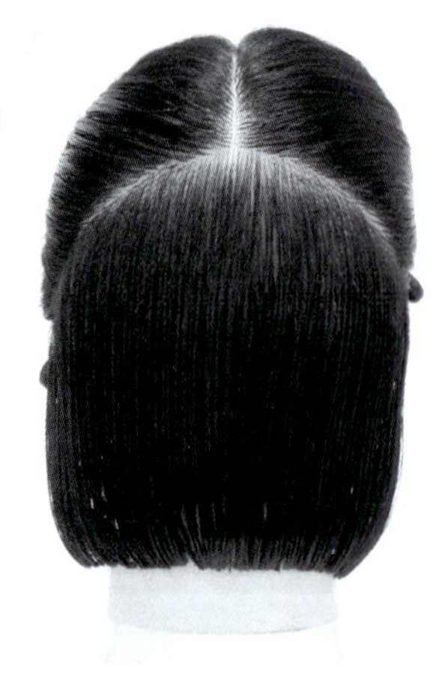

44 头后部完成的状态。

复习

头后部分成 4 层，呈板状取发片，在同一直线上剪发。

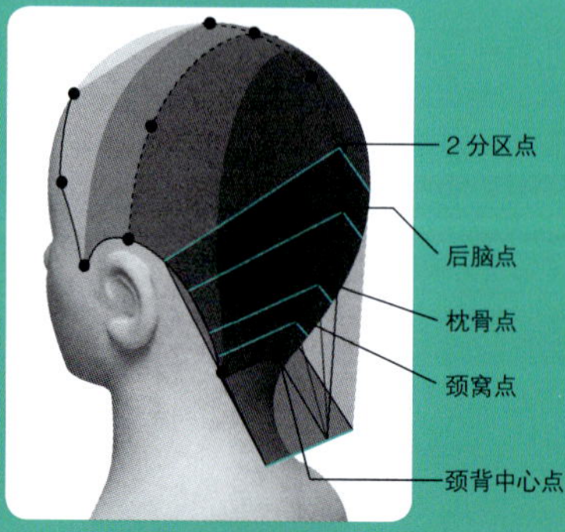

2010年3月第1次印刷
978-7-5381-6297-4
16开/96页
30.00元
专业美发教室
专业吹风造型技术
张荣辉　编著
（附赠DVD）
本书介绍了吹风的目的及作用、发型变化规律、发型层次构成原理、吹风工具及饰发品、吹风的基本手法、吹风造型技巧的分类、吹风的标准站姿及手法运用、不同刘海儿的处理方法等。在最后的实践篇中，分别以实例介绍了女士发型吹风设计与男士发型吹风设计。
辽宁科学技术出版社
地址：沈阳市和平区十一纬路29号 110003
http：//www.lnkj.com.cn
社内邮购：024-23284502 23284559 23284507
网络发行：http://shop36528228.taobao.com
投稿热线：024-23284063
QQ：542209824（请注明"美发"等字样）
美发基础教程
MEIFA JICHU JIAOCHENG
2010年3月第1次印刷
978-7-5381-6296-7
16开/96页
36.00元
本书从色彩基础开始，详细讲解了染发基础知识（毛发科学、染发科学）、染发实践（染发的一般分区、染膏的认知与测试、染发前如何与顾客沟通、染发实操技术）以及设计原理与染发等。
染发基础教程
蒋宝良　编著
139

HM SKILL-UP SERIES
专业美发教室

日本剪发技术解析

横手康浩 [PHASE]

迄今还没有这样通俗易懂的剪发图书!!

"与重视客人的简单的技法有同感"、"想知道这样的技术"。终于把在月刊"HAIR MODE"连载中获得强烈反响的剪发技术编辑成书以飨广大读者。这是一本解析剪发技术的入门图书。

目　录

内容

收录的都是在沙龙工作中客人需求度高的发型。长度也与从短发至长发所有的长度相对应。介绍的是可以马上照着实践的正规的技术。

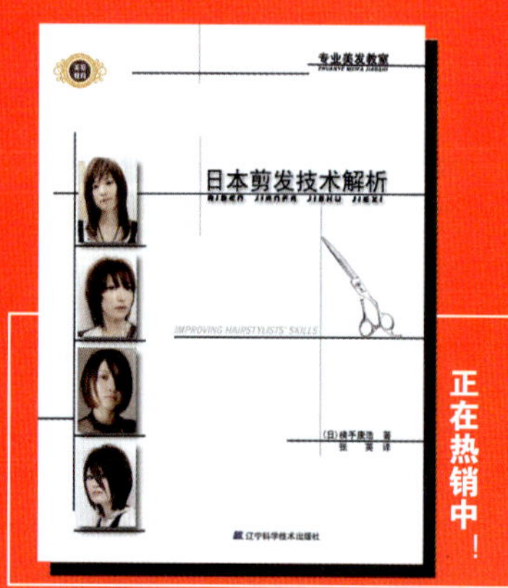

正在热销中!

辽宁科学技术出版社

http://www.lnkj.com.cn

地址：沈阳市和平区十一纬路29号　邮编：110003

投稿热线：024-23284063

QQ：542209824（请注明"美发"等字样）

销售热线：024-23284502　23284507　23284559

网络销售：http://shop36528228.taobao.com

特征

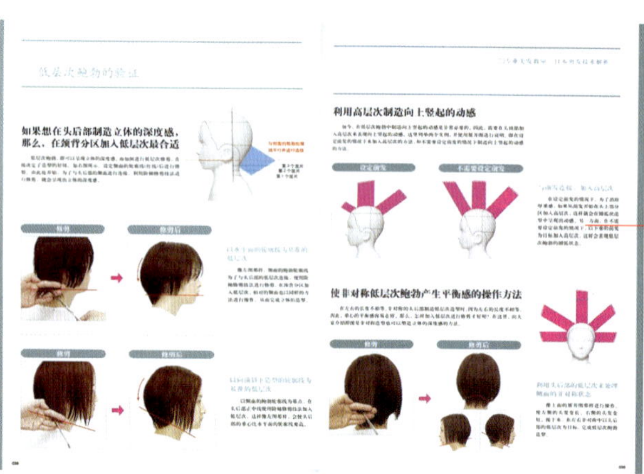

Point 1

好看好读好学!!

剪发过程照片的大小是5厘米×5厘米以上的特大尺寸。在这样的照片上，发片的提取方法和切口可以一目了然。另外，具有初学者也能明白的详细的解说也是本书一大特点。

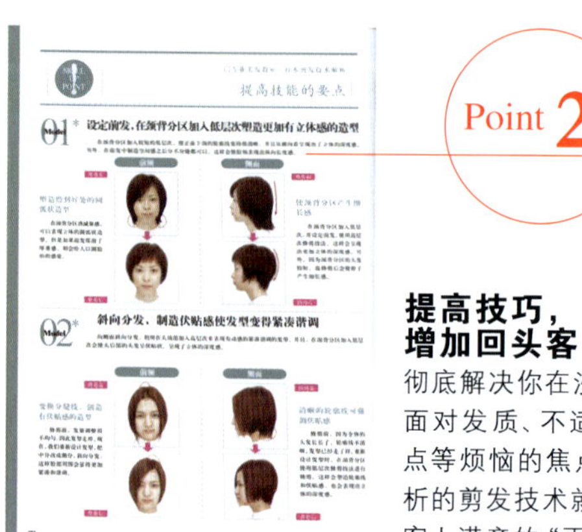

Point 2

提高技巧，增加回头客!!

彻底解决你在沙龙工作中面对发质、不适合客人特点等烦恼的焦点。掌握解析的剪发技术就能拥有让客人满意的"再现力"。

辽宁科学技术出版社书讯

☆管理类☆

定价：25.00元

定价：25.00元

定价：25.00元

定价：30.00元
（附赠光盘）

定价：36.00元

定价：30.00元
（附赠光盘）

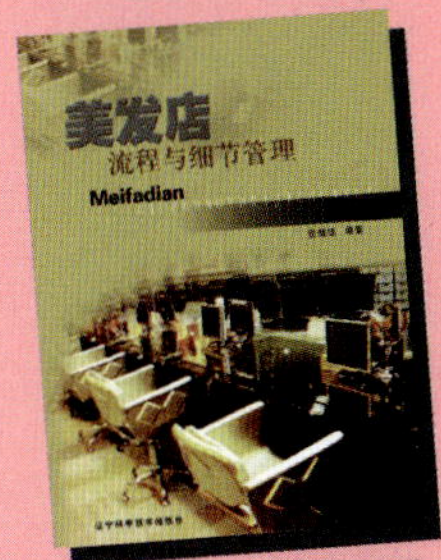

定价：28.00元

☆技术类☆

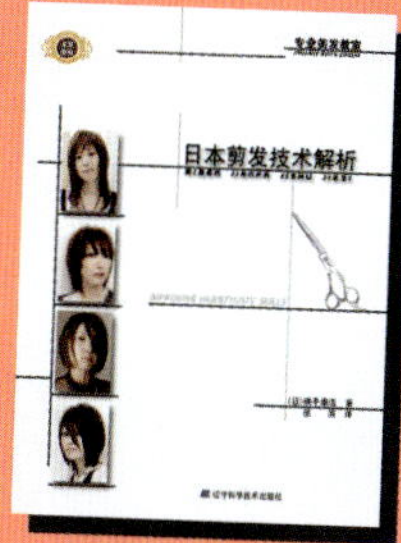

定价：43.00元

定价：66.00元

定价：52.00元

定价：29.80元

定价：20.00元

定价：28.00元

定价：54.00元

定价：38.00元

定价：35.00元

定价：36.00元

定价：30.00元
（附赠光盘）

辽宁科学技术出版社　http://www.lnkj.com.cn
地　　址：沈阳市和平区十一纬路29号　　邮　　编：110003
投　　稿：024-23284063　　QQ：542209824（添加时，请注明“美发”等字样）　　联 系 人：李丽梅
邮　　购：024-23284502　　23284507　　23284559　　23284357　　联 系 人：何桂芬

图书在版编目（CIP）数据

可爱发型新设计 /《丝语》编辑部编；张英等译. —沈阳：辽宁科学技术出版社，2010.6
（丝语；4）
ISBN 978-7-5381-6461-9

Ⅰ. ①可… Ⅱ. ①丝… ②张… Ⅲ. ①理发-造型设计 Ⅳ. ①TS974.21

中国版本图书馆CIP数据核字（2010）第079266号

出版发行：辽宁科学技术出版社
（地址：沈阳市和平区十一纬路29号　邮编：110003）
印 刷 者：沈阳天择彩色广告印刷有限公司
经 销 者：各地新华书店
幅面尺寸：215mm × 285mm
印　　张：9
字　　数：100 千字
出版时间：2010 年 6 月第 1 版
印刷时间：2010 年 6 月第 1 次印刷
责任编辑：李丽梅
封面设计：熙云谷设计机构
版式设计：袁　舒
责任校对：刘　庶

书　　号：ISBN 978-7-5381-6461-9
定　　价：45.00 元

投稿热线：024-23284063　542209824@qq.com
邮购热线：024-23284502
http://www.lnkj.com.cn
本书网址：www.lnkj.cn/uri.sh/6461